蜗牛学院

互联网＋职业技能系列

职业入门 | **基础知识** | 系统进阶 | 专项提高

Web 前端开发
实战教程

HTML5+CSS3+JavaScript | 微课版

Web Front-end Development

蜗牛学院 邓强 主编

U0196198

人民邮电出版社
北 京

图书在版编目（CIP）数据

Web前端开发实战教程：HTML5+CSS3+JavaScript：微课版 / 蜗牛学院，邓强主编. -- 北京：人民邮电出版社，2017.9
（互联网+职业技能系列）
ISBN 978-7-115-46664-8

Ⅰ．①W⋯ Ⅱ．①蜗⋯ ②邓⋯ Ⅲ．①超文本标记语言—程序设计—教材②JAVA语言—程序设计—教材 Ⅳ．①TP312

中国版本图书馆CIP数据核字(2017)第196346号

内 容 提 要

本书共分 11 章，其中第 1～2 章主要讲解了 HTML 标签及属性的应用，结合两个实战项目帮助读者更好地理解相关知识点。第 3～6 章主要讲解 CSS 的应用，通过引入 4 个项目实战并讲解开发思路，对各知识点的应用进行深入分析，同时也提供完整的代码实现。第 7～11 章则讲解 JavaScript 程序设计，包括 JavaScript 的基础语法、JavaScript 内置对象的应用、JavaScript 对 DOM 和 BOM 的操作，以及如何响应用户的鼠标和键盘操作等，均附有大量的实例应用代码，结合 5 个项目实战案例，帮助读者深入理解程序设计的原理与应用。同时，本书完全利用原生的 JavaScript 来实现常见的 Web 页面功能，不借助于任何第三方框架，也是希望能够帮助读者从原理上对 Web 页面的功能实现有所理解，进而帮助大家打下扎实的基本功。

本书可以作为高校计算机相关专业的教学用书，也可以作为 Web 前端开发爱好者的实战宝典。书中利用大量实例和项目实战对最核心的知识点进行了深入剖析，可以更加有效地帮助读者提升 Web 前端开发的能力。

◆ 主　　编　蜗牛学院　邓　强
　　责任编辑　左仲海
　　责任印制　马振武

◆ 人民邮电出版社出版发行　　北京市丰台区成寿寺路 11 号
　　邮编　100164　　电子邮件　315@ptpress.com.cn
　　网址　http://www.ptpress.com.cn
　　北京天宇星印刷厂印刷

◆ 开本：787×1092　1/16
　　印张：16.75　　　　　　　　2017 年 9 月第 1 版
　　字数：439 千字　　　　　　 2024 年 9 月北京第 15 次印刷

定价：49.80 元

读者服务热线：(010)81055256　印装质量热线：(010)81055316
反盗版热线：(010)81055315
广告经营许可证：京东市监广登字 20170147 号

前言
Foreword

随着 Web 前端开发技术的快速发展，一方面归功于移动互联网的大规模普及及厂商对用户体验的高度关注；另一方面，由于移动端操作系统主要集中于 iOS 和 Android，而每一家移动互联网公司都必须要为其 App 产品开发两套系统，去适配数百款移动终端，研发和维护成本居高不下。这些前提都让基于移动互联网的 HTML5 技术得以快速发展。由近年的趋势基本可以判断，将会有越来越多的厂商把前端开发的重心移向 Web。

在这样一个时代背景下，越来越多的从业者将加入 Web 前端开发工程师的队伍当中。同时，随着 HTML、CSS 和 JavaScript 等技术规范的进一步升级及浏览器厂商的大力支持，Web 浏览器扮演的角色将会越来越重要，甚至不可或缺。所以，写一本书普及一下 Web 前端开发最核心的技术，对于作者来说是一件非常有价值、有意义的事。

那么，通过怎样的写作方式，能够更好地传播这些技术呢？作者通过 16 年实际研发经验及近 10 年的讲师经验得到一些启发。要有效地传播知识，最好的方式并非眉飞色舞地演讲，而是让大家实战，进而总结思路，优化思路，进一步突破。所以本书在写作之初，就定了一个基本前提——"全程实战"，一切知识点的讲解和思路的梳理，都是为书中的实战案例做准备的。软件开发本来就是一门实战出真理的手艺，过多的口水战显得毫无意义，当然，单纯抄写代码，没有形成一套有效解决问题的思路和方法，那也注定只是一些假把式，离高手之路只能越来越远。

作为"蜗牛学院"的 Web 前端开发工程师训练营的核心教材，本书通过知识点讲解、实例讲解、项目实战三大步骤，可以有效地帮助读者把 Web 前端开发的三大核心技术 HTML、CSS 和 JavaScript 进行系统性的梳理，并且将其纳入真实的项目场景中，帮助读者更好地理解和应用这些技术。其中，HTML 部分主要讲解标准的标签及属性的应用及在排版内容上的优化，CSS 部分重点讲解目前通用的 Web 页面样式设置方式，通过将 HTML 和 CSS 进行有效的结合，可以制作出一个专业的 Web 页面甚至开发一个站点。但是 HTML 和 CSS 主要用于内容的美化与展现，还无法做到与用户进行有效的交互，这便是 JavaScript 之所长。

本书可以作为高校计算机相关专业学生的教学用书，也可以作为 Web 前端开发爱好者的实战宝典。如果作为高校教材，建议授课时间在 64 课时以上，且优先考虑在机房进行授课。如果是 Web 前端开发爱好者使用，也同样建议将书中的每一个练习和项目都完整地完成一遍，甚至两遍。这样才能具备了一个 Web 前端开发工程师的核心能力，剩下的只是解决更加具体的业务和应用场景而已。

在本书的写作过程中，我的同事和家人给予了很大的理解和支持。在此对我的同事李懿、陈南、陈华、胡平等表示真诚的感谢。最后，非常感谢蜗牛学院的学员们，是我们无数个日夜的教与学以及师生之间的大量讨论，成就了本书案例和思路的成型。

读者可以通过蜗牛学院的在线课堂（网址为：http://www.woniuxy.com）进行学习，下载配套视频和源代码。相应资源也可登录人民邮电出版社教育社区进行下载。如果需要与作者进行技术交流或商务合作，可添加微信或 QQ15903523，或添加 QQ 群 645859048，或访问作者原创学习网站：http://www.bossqiang.com 均可，当然，也可以直接发送邮件至 dengqiang@woniuxy.com。

由于作者经验和水平有限，书中疏漏之处在所难免，欢迎读者朋友们批评指正。

编　者
2017 年 5 月

目录
Contents

第1章

HTML核心基础

学习目标：

（1）充分理解HTML页面的基本结构。

（2）充分理解HTML常用标签及其属性的应用。

（3）熟练运用HTML常用标签完成网页的布局及美化。

（4）熟练运用WebStorm前端开发工具开发HTML页面。

本章导读：

■ 本章主要介绍 Web 页面中，HTML4 和 HTML5 里面最常用的标签及常用属性，即构成一个基本网页的核心要素，以及开发 Web 页面的一些常识。

■ 作为重要媒介的 HTML 标准，目前也已经发展到 HTML5 版本。与之对应的，浏览器也在不停地进步，可以说，Web 页面的功能之所以越来越强大，离不开各个浏览器厂商的大力支持。同时，随着移动互联网的飞速发展，HTML5 也更加具备实用价值，在增强用户体验方面以及优化前端交互方面，起到了至关重要的作用。

1.1 了解 Web 系统

V1-1 网络体系与 BS 架构

1.1.1 网络体系结构

在当今互联网如此发达的时代，其背后的系统架构无非以下 3 种，这三种架构各有其不同的适用场景，本书将重点探讨 B/S 架构。

（1）B/S（Browser/Server）架构：典型应用包括如谷歌、百度这种搜索引擎，或者是 Taobao、eBay 这种电子商务网站，或者是新浪、雅虎这种门户网站，又或是 ITPub、CSDN 这种论坛等，各类应用数不胜数。但是无论是哪种应用，都是通过网页浏览器进行访问，通过浏览器与服务器进行通信来完成的，所以这一类系统统称为 B/S 架构的系统。

（2）C/S（Client/Server）架构：典型应用包括如 QQ，MSN 这类即时通信工具，或者魔兽世界、传奇等这类大型网络游戏，或者是 Outlook、Foxmail 这类邮件客户端等。在移动设备上，也有很多 C/S 架构的应用程序，比如智能手机里安装的各类新闻阅读器、天气查询软件、在线视频播放等软件。C/S 架构的系统都有一个共同的特点，那就是客户端是定制的，是为完成各类功能和与服务器通信而专门开发的。针对不同的应用，有不同的客户端，没有统一的标准和规范。

（3）P2P（Point-to-Point）点对点系统：这类系统的典型代表有局域网聊天工具飞秋、BT 下载软件等。这类系统的特点是不需要服务器中转，客户端与客户端之间彼此直接通信。

1.1.2 B/S 架构的特点

事实上，B/S 架构的浏览器本身就扮演着一个 Client 的角色，所以完全可以将 B/S 和 C/S 统称为 C/S 架构，这完全没有任何问题。只不过 Browser 这个 Client 与传统意义上的 C/S 架构中的 Client 是有区别的，B/S 可以看作是对 C/S 架构的一种

V1-2 浏览器工作过程

改进，最主要的区别表现在如下几个方面。

（1）B/S 架构的浏览器是规范的、标准的。其核心引擎由几大软件厂商提供，如微软、谷歌、火狐等，并且都支持 W3C（万维网协会）制定的各类 Web 标准，如 JavaScript、HTML、CSS 和标准的 HTTP 协议。所以，使用 B/S 架构的应用程序可以轻易实现 Any Time、Any Where、Any One 的访问方式，只需要输入一个正常的 URL 地址即可，非常灵活。

（2）B/S 架构的浏览器部署更方便。所有操作系统都内置标准浏览器，它们大同小异，对不同系统的兼容性非常强（因为浏览器只要能正常解析 HTML 标签，处理 HTTP 协议数据包即可）。如果系统需要升级，只需要对服务器端进行升级即可，客户端不需要做任何修改，因为浏览器访问服务器时会自动获取服务器最新的内容（使用客户端缓存除外），所以对于 B/S 架构的系统部署起来是非常方便快捷的。

（3）在系统的设计与开发方面，B/S 也有优势。如果使用 B/S 架构，可以花更多的精力来关注业务逻辑，客户端的处理由浏览器完成，服务器端的处理由标准 Web 服务器（如 Apache、IIS、Tomcat 一类）来完成。

（4）在系统性能方面，B/S 架构的优势不再明显。采用 B/S 结构的客户端只能完成浏览、查询、数据输入等简单功能，绝大部分处理工作由服务器承担，这使得服务器的负担很重。当然，目前的云计算平台可以很好地处理服务器负担重的问题。

总而言之，B/S 架构的优点很多，目前已经得到广泛运用。而且浏览器的功能越来越强，已经可以用于完成很多复杂的处理，用户可以通过体验得到极大的提升。

1.1.3　页面渲染引擎

V1-3　页面渲染过程

网页浏览器的页面渲染引擎负责取得网页的内容、整理排版以及计算网页的显示方式，然后输出至显示器或打印机。所有网页浏览器、电子邮件客户端以及其他需要编辑、显示网络内容的应用程序都需要页面渲染引擎，当前比较流行的页面渲染引擎有如下几种。

1. Trident 页面渲染引擎

Trident 是微软视窗操作系统（Windows）搭载的网页浏览器——Internet Explorer 的页面渲染引擎的名称，它的第一个版本诞生于 1997 年 10 月发布的 Internet Explorer 第四版中，目前是互联网上非常流行的排版引擎。目前使用 Trident 渲染引擎的浏览器有 Internet Explorer、360 安全浏览器等。

2. Gecko 页面渲染引擎

Gecko 是开放源代码的、以 C++ 编写的页面渲染引擎。Gecko 是跨平台的，能在 Windows、Linux 和 Mac OS X 等主要操作系统上运行。使用 Gecko 页面渲染引擎的浏览器有 Firefox、Mozilla 等。

3. KHTML 页面渲染引擎或 WebKit 框架

KHTML 拥有速度快捷的优点，但对错误语法的容忍度则比 Firefox 产品所使用的 Gecko 引擎小。苹果电脑于 2002 年采用了 KHTML，作为开发 Safari 浏览器之用。WebCore 及 WebKit 引擎均是 KHTML 的衍生产品，目前使用 KHTML 页面渲染引擎的浏览器有 Safari、Konqueror、Google Chrome 等。

4. Presto 页面渲染引擎

Presto 是一个由 Opera Software 开发的浏览器页面渲染引擎，应用于 Opera 浏览器。

可见，浏览器的页面渲染引擎丰富繁杂，这对 Web 前端开发提出了很大的挑战，特别是兼容性以及稳定性方面。用户不单要熟悉每种渲染引擎和相应浏览器的特性，还需要了解它们之间的各种差异，便于设计出适合的、兼容性好的、稳定性高的系统。

1.2　HTML 开发基础

V1-4　HTML 简介

1.2.1　HTML 简介

1. 什么是 HTML

HTML 即 "超文本标记语言"，其英文全称为 Hyper Text Markup Language，是用来描述网页的一种语言规范。通过 HTML 的全称可以看出，HTML 不是一种编程语言，而是一种标记语言，由诸多不同的标签来完成网页内容的描述。

超文本标记语言是标准通用标记语言下的一个应用，也是一种规范，一种标准。它通过标记符号来标记想要显示的网页中的各个部分。网页文件本身是一种文本文件，通过在文本文件中添加标记符，可以告诉浏览器如何显示其中的内容（如文字如何处理、画面如何安排、图片如何显示等）。浏览器按顺序阅读网页文件，然后根据标记符解释和显示其标记的内容，对书写出错的标记将不指出其错误，且不停止其解释执行过程，编制者只能通过显示效果来分析出错原因和出错部位。但需要注意的是，不同的浏览器，对同一标记符可能会有不完全相同的解释，因而可能会有不同的显示效果。

2. HTML 的特点

HTML 文档制作不是很复杂，但功能强大，支持不同数据格式的文件镶入，这也是万维网（WWW）盛行的原因之一，其主要特点如下。

（1）简易性：HTML 版本升级采用超集方式，从而更加灵活方便。

（2）可扩展性：HTML 的广泛应用带来了加强功能、增加标识符等要求，HTML 采取子类元素的方式为系统扩展带来保证。

（3）平台无关性：虽然个人计算机大行其道，但使用 Mac 等其他机器的也大有人在，HTML 可以使用在广泛的平台上，这也是万维网盛行的另一个原因。

（4）通用性：另外，HTML 是网络的通用语言，是一种简单、通用的全置标记语言。它允许网页制作人建立文本与图片相结合的复杂页面，这些页面可以被网上任何其他人浏览到，而且无论使用的是什么类型的电脑或浏览器。

3．HTML 标签

HTML 标签（HTML Tag）即 HTML 标记标签，是由尖括号包围的关键词，比如 <html>。HTML 标签通常成对出现，比如 <font> 和 </font>，其中的第一个标签是开始标签（也称为开放标签），第二个标签是结束标签（也称为闭合标签）。

<标签>内容</标签>

4．HTML 版本

从初期的网络诞生后，已经出现了许多 HTML 版本，详情如表 1-1 所示。目前最为流行的，特别是对移动互联网支持最好的是 HTML5 版本。

表 1-1　HTML 版本历史

版本	发布时间	备注
HTML	1991	初始版本，非标准
HTML+	1993	作为互联网工程工作小组（IETF）工作草案发布
HTML 2.0	1995	作为 RFC 1866 发布
HTML 3.2	1997	W3C 推荐标准
HTML 4.01	1999	W3C 推荐标准，目前的 PC 端网页规范
XHTML 1.0	2000	W3C 推荐标准，后来经过修订于 2002 年 8 月 1 日重新发布
HTML5	2012	W3C 推荐标准，基于移动终端进行优化
XHTML5	2013	从 XHTML 1.x 的更新版，基于 HTML 5 草案

其中，XHTML 是指严格按照开始标签与结束标签的方式来书写的 HTML 页面，并且符合 XML 规范。关于 XML（可扩展标记语言）的细节本书不作详细介绍，需要了解的读者可自行搜索。

HTML5 的设计目的是在移动设备上支持多媒体，所以新的语法特征被引进，如 Video、Audio 和 Canvas 标记。HTML5 还引进了如下所述新的功能，可以真正改变用户与文档的交互方式。

（1）优化：新元素，新属性，完全支持 CSS3，对网页动画支持更好；同时，对 HTML4.0 一些较为过时的标记和属性进行了淘汰。

（2）新增：Video 视频播放，Audio 音频播放，2D/3D 制图，本地存储，本地 SQL 数据。

（3）增强：Web 应用体验更好，充分支持移动设备；引入新的 JavaScript 脚本引擎，对 AJAX 支持更好；新的解析规则更加灵活，更加明确。

支持 HTML5 的浏览器包括 Firefox（火狐浏览器）、IE9 及其更高版本、Chrome（谷歌浏览器）、Safari、Opera 等；傲游浏览器（Maxthon）以及基于 IE 或 Chromium（Chrome 的工程版或称实验版）所推出的 360 浏览器、搜狗浏览器、QQ 浏览器、猎豹浏览器等国产浏览器同样具备支持 HTML5 的能力，如图 1-1 所示。

图 1-1　HTML5 浏览器支持

V1-5　第一个
HTML 页面-1

1.2.2　第一个 HTML 页面

　　HTML 页面是由纯文本构成的，可以使用记事本来编辑一个 HTML 页面。下面介绍一个最基本的 HTML 页面如何实现，如图 1-2 所示。

```
<!DOCTYPE html>
<html>
<head lang="en">
    <meta charset="UTF-8">
    <title>这是我的第一个HTML页面</title>
</head>
<body>
    你好，欢迎来到蜗牛学院学习，祝你学习愉快！
    <!-- 这是HTML页面的注释，不会被解析 -->
</body>
</html>
```

图 1-2　第一个 HTML 页面

　　先打开记事本，将如上文本内容输入，然后保存为后缀名为.html 的文件，这样，HTML 页面即开发完成。双击这个 HTML 文件，用默认的浏览器打开，即可看到运行结果如图 1-3 所示，一个最简单且结构完整的 HTML 网页就此完成。

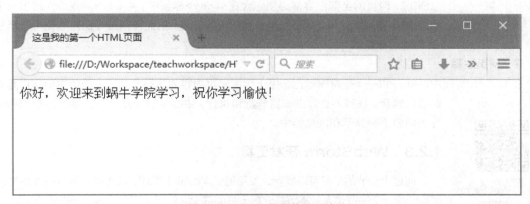

图 1-3　HTML 页面的显示效果

通过本章内容的学习，能够让读者尽快找到学习的乐趣，同时开发出比较专业的网站，要达到这样的效果，有必要了解上述代码代表的意思。

1. <!DOCTYPE> 声明

<!DOCTYPE>声明有助于浏览器正确显示网页。网络上有很多不同的文件，只有正确声明 HTML 的版本，浏览器才能正确显示网页内容。DOCTYPE 声明是不区分大小写的以下书写方式均可。

```
<!DOCTYPE html>
<!DOCTYPE HTML>
<!doctype html>
<!Doctype Html>
```

2. <html>标签

标签 <html> 与 </html> 表明了文档类型，表明这是一个按照 HTML 规范来书写的 HTML 文档。

3. <head>标签

标签<head>与</head>之间的内容主要用于描述页面的头部信息，包括但不限于页面设置、标题、CSS 样式属性、JavaScript 代码等。

4. <meta>标签

<meta>标签主要用于设置页面的基础元信息，比如此处设置页面的编码格式为 UTF-8（即全球统一文本编码），如果不明确指定编码格式，浏览器很有可能将中文处理为乱码。除了设置为 UTF-8 编码外，也可以设置为 GB2312、GBK、GB18030 等中文国标编码，这三者都对中文有很好的支持。但是通常现在的网站都比较国际化，设置为 UTF-8 更加通用，兼容性也更好。<meta> 标签除了可以设置编码格式外，还可以设置更多其他属性，具体如下。

```
<meta http-equiv="Content-Type" content="text/html; charset=UTF-8" />
<meta http-equiv="cache-control" content="no-cache" />
<meta name="viewport" content="width=device-width,
initial-scale=0,maximum-scale=1,user-scalable=yes">
<meta name="description" content="蜗牛学院-移动互联网人才孵化基地" />
<meta name="keywords" content="蜗牛学院,Java开发,在线课堂，软件测试" />
<meta name="author" content="蜗牛学院是成都顶尖的IT培训及研发机构" />
```

V1-6 第一个
HTML 页面-2

5. <title>标签

<title>标签只用于设置页面的标题。

6. <body>标签

<body>标签应该说是网页中最为重要的标签，主要用于展示网页的内容，理论上来说，网页的全部内容都必须包含在<body>标签中。<body>标签的作用相当于浏览器的内容展示区域，算是一个最大的内容容器，里面可以包含任何其他用于展示网页内容的标签。

7. 网页注释

在 HTML 页面中，<!--和-->是特殊标记，用于标注网页内容的注释部分。注释的主要作用是对代码进行解释。注释不会被浏览器解析和执行，主要是给开发人员做参考，所以注释部分的内容不会显示在浏览器中。

V1-7 WebStorm
开发环境

1.2.3 WebStorm 开发工具

通过上一节的学习可以发现，使用记事本编辑 HTML 其实是非常消耗时间的，必须要一个一个字符输入。本节将介绍一款非常专业的网页开发工具——WebStorm。

1. 下载安装

访问 WebStorm 官方网站 http://www.jetbrains.com/webstorm/ 可以获取最新版本的下载安装包，整个下载及安装过程较为简单，本书不再赘述。

2. WebStorm 主界面

WebStorm 开发工具软件主界面，如图 1-4 所示。

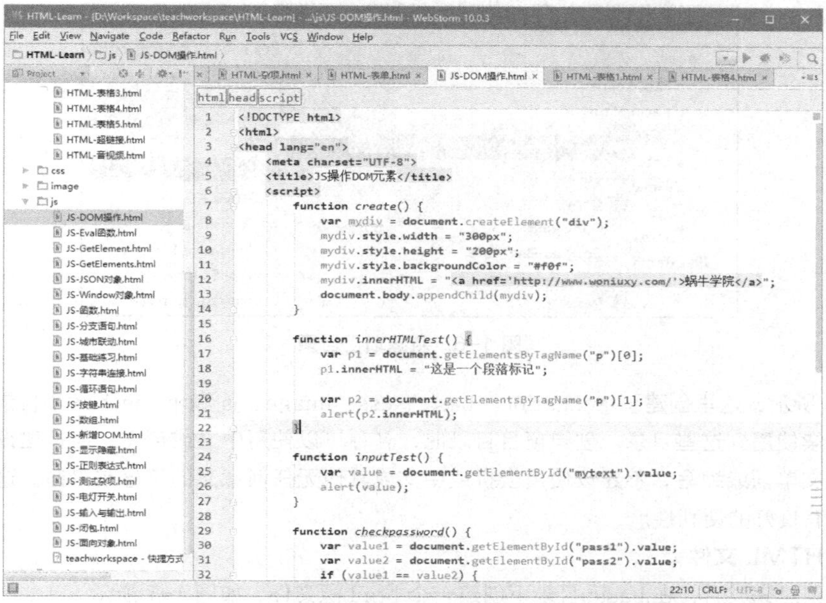

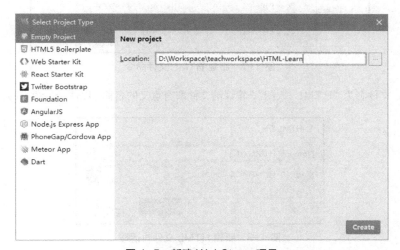

图 1-4　WebStorm 主界面

WebStorm 主界面主要分为三大区域，顶部为菜单栏，左边为项目结构，右边为代码窗口。其基本操作与绝大部分 IDE 工具是一致的，此处不再赘述。

3. 创建一个 HTML 项目

选择 "File" → "New Project" 命令，打开新建项目设置对话框，输入项目的名称及路径即可完成项目创建，如图 1-5 所示。

图 1-5　新建 WebStorm 项目

需要注意的是，这里选择创建一个 Empty Proejct（空项目）即可，文本框中的 HTML-Learn 是项目名称。

4. 创建项目目录结构

在项目根目录下继续再创建几个目录用于后续开发使用。右击项目名称，选择"New"→"Directory"命令，输入目录名称即可。

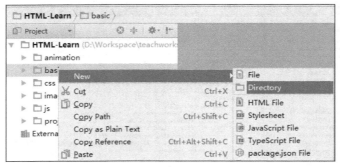

图 1-6　新建项目目录

如图 1-6 所示，这里创建了 animation、basic、css、image、js 和 project 六个目录，后续设计开发过程中会陆续使用到这些目录。创建项目目录时，名称可以使用中文或英文，但是建议使用英文，且使用标准的英文单词或缩写，不建议使用全拼或中文或其他无任何意义的字母或单词。这个习惯在程序设计过程中具有良好的便利性。

5. 创建 HTML 文件

项目目录创建完成后，在 basic 目录下创建一个 html 源文件，如图 1-7 所示。

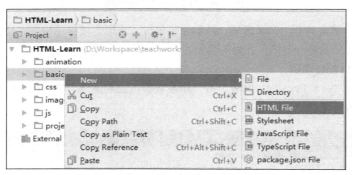

图 1-7　新建 HTML 文件命令

设置 HTML 文件名为"HTML-入门"，建议给文件取有意义的名称，以便于后续查阅，如图 1-8 所示。

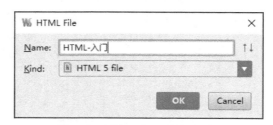

图 1-8　新建 HTML 文件对话框

6. 快速完成内容填充

创建完成一个 HTML5 文件后，WebStorm 开发工具已经完成了很多工作，把页面的基本结构已经自动生成，开发人员只需要填充网页内容和标题即可，如图 1-9 所示。

```
1    <!DOCTYPE html>
2    <html>
3    <head lang="en">
4        <meta charset="UTF-8">
5        <title>这是我的第一个HTML页面</title>
6    </head>
7    <body>
8        你好，欢迎来到蜗牛学院学习，祝你学习愉快！
9        <!-- 这是HTML页面的注释，不会被解析 -->
10   </body>
11   </html>
```

图 1-9　WebStorm 源代码窗口

7. 运行 HTML 页面

即使是使用 WebStorm 开发的网页，同样可以利用资源管理器打开项目所在目录，双击该 HTML-入门.html 文件用浏览器打开运行即可。

另外，WebStorm 提供了非常方便的运行方法，在打开的网页编辑器中，当鼠标指针移动到右上角时，会出现几个浏览器图标，单击任意一个即可用相应的浏览器打开该页面（前提是操作系统中已经安装该浏览器），如图 1-10 所示。

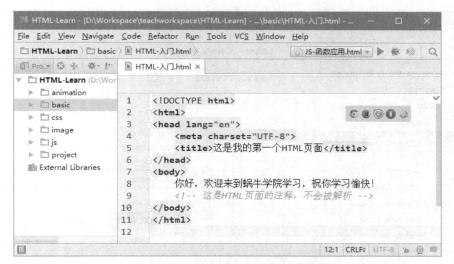

图 1-10　在 WebStorm 中打开浏览器

8. 修改编辑区格式

利用 WebStorm 工具可以显著提升开发效率，它自带智能提示，可以让开发人员的输入效率大幅提高；同时，用不同的颜色帮助开发人员显示不同类型的文本内容，更加便于区分和快速查阅。

但是，WebStorm 工具默认的编辑器字体设置得太小，不太容易看得清楚，这样很容易导致一些错误，比如应该使用英文半角的双引号、单引号等，却使用了中文全角，很难发现这种类似的失误，但是这样会导致网页无法正常解析。所以开发过程中需要将编辑器的字体大小调整得更加容易识别，操作如下。

（1）选择"File"→"Settings"菜单，如图 1-11 所示。

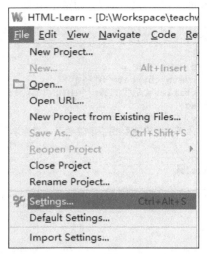

图 1-11　设置菜单

（2）进入选项设置页，选择"Editor"→"Colors & Fonts"标签，在右侧窗格的"Scheme"下拉列表中选择 Default（默认），单击按钮"Save As..."按钮，将此配置信息重命名为 MyScheme，单击"OK"按钮，如图 1-12 所示。

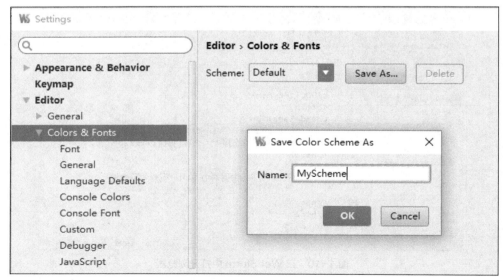

图 1-12　保存 Scheme 信息

（3）再进入 Font 选项卡，"Scheme"选择"MyScheme"，将"Primary Font"修改为"Consolas"，"Size"设为 16，单击"OK"按钮，如图 1-13 所示。

这样，代码编辑器的字体即被修改为 16px 的大小，属于在计算机上看到的标准字体大小，也比较容易区分格式正误。

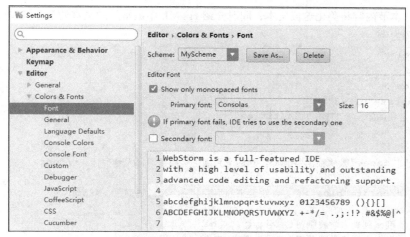

图 1-13　修改 WebStorm 字体大小

1.2.4　其他开发工具

HTML 页面的源代码是由普通的文本文件构成的，所以实际上任何一个文本编辑器都可以作为 HTML 页面的开发工具。一款好的开发工具，对于提高开发人员的开发效率是非常有帮助的，本节将简单介绍其他一些比较流行的 Web 开发工具。

1. DreamWeaver

Adobe Dreamweaver，简称"DW"，中文名称为"梦想编织者"，是美国 MacroMedia 公司（已于 2005 年被 Adobe 公司收购）开发的集网页制作功能和管理网站功能的所见即所得的网页编辑器。DW 是第一套针对专业网页设计师特别开发的视觉化网页开发工具，利用它可以轻而易举地制作出跨越平台限制和跨越浏览器限制的充满动感的网页。

2. HBuilder

HBuilder 是 DCloud（数字天堂）推出的一款支持 HTML5 的 Web 开发 IDE。HBuilder 的编写用到了 Java、C、Web 和 Ruby。HBuilder 本身主体是由 Java 编写。编写速度快，是 HBuilder 的最大优势，通过完整的语法提示和代码输入法、代码块等，大幅提升 HTML、js、CSS 的开发效率。

3. Sublime Text

Sublime Text 是一个代码编辑器（Sublime Text 2 是收费软件，但可以无限期试用）。Sublime Text 具有漂亮的用户界面和强大的功能，例如代码缩略图、Python 的插件和代码段等，还可自定义键绑定、菜单和工具栏。Sublime Text 是一个跨平台的编辑器，同时支持 Windows、Linux、Mac OS X 等操作系统。

虽然有这么多 Web 前端开发工具，而且每一款都有自己的鲜明的特色，但是笔者建议读者不要迷恋什么工具，随意选择任意一款工具即可。与开发工具相比，本书更重要的是介绍 HTML 的核心知识了。

1.3　HTML 常用标签

V1-8　文本标记

1.3.1　文本

上节实例中，虽然浏览器显示了一段文本，但是这段文本看上去非常平淡，没有任何美观可言。本节内容将美化这段文本，同时介绍 HTML 中最常见的文本处理标签和属性。

以如下代码为例。

```
<!DOCTYPE html>
<html>
<head lang="en">
    <meta charset="UTF-8">
    <title>这是我的第一个HTML页面</title>
</head>
<body>
<font size="5" face="微软雅黑">你好，欢迎来到蜗牛学院学习：大号字体。</font>
<br/>
<font size="4" color="blue">你好，欢迎来到蜗牛学院学习：带颜色。</font>
<br/>
    <h1>你好，欢迎来到蜗牛学院学习：1号标题。</h1>
    <h2>你好，欢迎来到蜗牛学院学习：1号标题。</h2>
    <h3>你好，欢迎来到蜗牛学院学习：1号标题。</h3>
    <h4>你好，欢迎来到蜗牛学院学习：1号标题。</h4>
    <h5>你好，欢迎来到蜗牛学院学习：1号标题。</h5>
    <h6>你好，欢迎来到蜗牛学院学习：1号标题。</h6>
    <i>你好，欢迎来到蜗牛学院学习：斜体。</i> <br/>
    <b>你好，欢迎来到蜗牛学院学习：粗体。</b> <br/>
    <strong>你好，欢迎来到蜗牛学院学习：强调，也是粗体。</strong><br/>
    <font color="#8a2be2"><b>你好，欢迎来到蜗牛学院学习：标签嵌套</b></font> <br/>
    <p>你好，欢迎来到蜗牛学院学习：这是一个段落。</p>
    <span>你好，欢迎来到蜗牛学院学习：行内标记，无格式。</span> <br/>
</body>
</html>
```

上述代码中的标签及属性简单的说明如下。

（1）<font>，表示格式化文本内容的字体大小、颜色和字体名称。其中，size 属性表示字体大小，默认页面显示的字体大小为 3，此处将其设为 5，可以明显看得出来字体会变得更大。face 表示字体名称，只要是操作系统里面存在的字体，都可以使用。color 表示颜色，颜色可以有两种表示方式，一种是使用表示颜色的英文单词，另一种是直接使用#后面跟 6 位 16 进制的数来更加精确地表示 RGB 的混合比例。RGB 即 Red、Green、Blue 三原色，根据三者的不同比例可以混合出不同的颜色。

（2）<h1> ~ <h6>，表示文本内容标题，依次从大到小。

（3）<i>表示斜体，<b>和<strong>表示粗体，<p>表示包含一个段落，会自动换行。

（4）有的标签后面使用了
这个标签，这个标签是一个特殊标签，表示让浏览器显示内容时强制换行。虽然在开发 HTML 源文件时是换行的，但是由于 HTML 页面的内容全部必须使用标记来处理，会忽略编辑器里面的换行符，所以换行符也得使用标签。

经过上述设置后再用浏览器打开网页，就可以看到各种格式的文本内容，如图 1-14 所示。

文本是构成网页的四大核心元素之一，网页设计中很多标签都是为了修饰文本而设置的。不过在 HTML5 的标准中已经不再建议使用<font>标签，而是用 CSS 样式表来取代。

1.3.2 超链接

在 HTML 页面中，超链接的地位应该说是最重要的，在 HTML 中，使用标签 <a>来设置超文本链接。

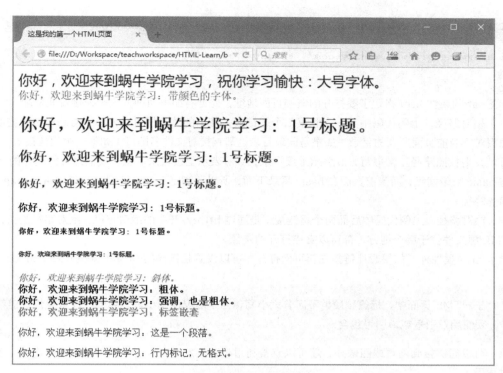

图 1-14　文本样式效果

超链接可以是一个字，一个词，或者一组词，也可以是一幅图像，单击这些内容可以跳转到新的文档或者当前文档中的某个部分。把鼠标指针移动到网页中的某个超链接上时，箭头会变为一只小手。默认情况下，超链接将以以下形式出现在浏览器中。

（1）一个未访问过的超链接显示为蓝色字体并带有下划线。

（2）访问过的超链接显示为紫色并带有下划线。

（3）单击超链接时，超链接显示为红色并带有下划线。

 如果为这些超链接设置了 CSS 样式，展示样式会根据 CSS 的设定而显示。本书将在第 2 章中专门介绍如何使用 CSS（层叠样式表）。

超链接的 HTML 代码很简单，格式如下。

```
a href="url">链接文本</a>
```

比如如下几个超链接。

```
<!DOCTYPE html>
<html>
<head lang="en">
    <meta charset="UTF-8">
    <title>页面超链接应用</title>
</head>
<body>
    <a href="HTML-文本.html">查看页面</a> <br/>
    <a href="../image/woniufamily.png">打开一张图片</a>
```

```
    <a href="http://www.woniuxy.com/learn/train/page/woniufamily.png">
            照片墙</a> <br/>
    <a href="http://www.wonixy.com/" target="_blank">蜗牛学院</a> <br/>
</body>
</html>
```

标签<a>的属性 href 指定了要打开的链接页面地址，此处有如下两种方式来链接页面地址。

（1）相对路径，上例代码中第一个和第二个超链接，使用的就是相对路径。相对路径是指需要链接的资源相对于当前页面所在的目录，如果是同级目录，则直接写文件名即可（如第一个超链接）；如果是其他目录，则按照路径正常书写，../表示上级目录，../../表示上级目录。由于我们最开始创建的 image 目录与 basic 目录同级，而当前页面在 basic 目录下面，所以要浏览 image 目录，必须使用../image 才表示正确的路径。

（2）绝对路径，上例代码中后面两个超链接就是通过 http://开头的绝对路径，绝对路径是指无论当前 HTML 源文件位于哪个地方，都可以直接打开的路径。

除了 href 属性外，如果想让链接在新页面打开，可以设置超链接的 target 属性值为_blank。

> 在 HTML 页面中，标签和属性不区分大小写，但是建议使用小写；另外，任意属性的值都必须使用双引号或单引号包含。

除了可以超链接到网页或图像外，还可以直接利用超链接发送邮件、发送短信或拨打电话（手机上访问时适用）。

```
<a href="mailto:15903523@qq.com">给作者写邮件</a> <br/>
<a href="tel:13812345678">给作者拨电话</a> <br/>
<a href="sms:13812345678?body=你好，很高兴认识你！">给作者发短信</a> <br/>
```

使用超链接还可以直接链接到页面当中的某个具备 id 属性的标签上，这个叫做"锚点"，比如使用超链接直接访问蜗牛学院网站的学院文化页面（后面加#号即可），代码如下。

```
<a href="http://www.woniuxy.com/learn/#culture">学院文化</a>
```

V1-9 图文混排

1.3.3 图像

在 HTML 中，图像的应用非常广泛，图像由<img> 标签定义。<img> 是单标签，意思是说，它只包含属性，并且没有闭合标签，可以使用/>来对该标签进行结束。

要在页面上显示图像，需要使用源属性（src），src 即 source。源属性的值是图像的 URL 地址。定义图像的语法如下。

```
<img src="url" alt="some_text"/>
```

URL 指存储图像的位置。如果名为"boat.gif"的图像位于 www.w3school.com.cn 的 images 目录中，那么其 URL 为 http://www.w3school.com.cn/images/boat.gif。

浏览器将图像显示在文档中图像标签出现的地方。如果将图像标签置于两个段落之间，那么浏览器会首先显示第一个段落，然后显示图片，最后显示第二段。

1. HTML 图像的 alt 属性

alt 属性用来为图像定义一串预备的可替换的文本，替换文本属性的值是用户定义的。如<img src="boat.gif" alt="Big Boat"/>，表示在浏览器无法载入图像时，替换文本属性告诉读者失去的信息，此时浏览器将显示这个替代性的文本而不是图像。为页面上的图像都加上替换文本属性是个好习惯，这样有助于更好地显示信息，并且对于那些使用纯文本浏览器的人来说是非常有用的。

2．HTML 图像的高度与宽度

height（高度）与 width（宽度）属性用于设置图像的高度与宽度，属性值默认单位为像素。如<img src="pulpit.jpg" alt="Pulpit rock" width="304" height="228"/>，表示浏览器在显示该图像时按照宽假 304 像素、高 228 像素进行显示。

 提示

> 指定图像的高度和宽度是一个很好的习惯。如果图像指定了高度和宽度，页面加载时就会保留指定的尺寸。如果没有指定图片的大小，加载页面时有可能会破坏 HTML 页面的整体布局。另外，如果需要缩放图像，建议要么只指定其宽度，要么只指定其高度，这样浏览器会自动按比例缩放；否则，如果高度和宽度同时指定，但是并没有按照图像的原始比例来指定，会导致图像变形。实例代码如下。

```html
<!DOCTYPE html>
<html>
<head lang="en">
    <meta charset="UTF-8">
    <title>图像的应用</title>
</head>
<body>
    <img src="../image/woniufamily.png" />
    <img src="../image/woniufamily.png" width="300" />
    <img src=http://www.woniuxy.com/learn/train/page/woniufamily.png
            alt="恭喜蜗牛学院在线课堂上线"/>
    <a href="http://www.woniuxy.com/">
      <img src=" http://www.woniuxy.com/img/logo-white.png">
    </a>
</body>
</html>
```

当然，开发人员也可以在图片在加超链接，只要将<img>标签嵌套在<a>标签中即可。另外，图像也常用于页面背景，比如可以为 body 标签设置 background 属性指定其背景图片，代码如下。

```html
<body background="../image/black-star.jpg">
```

另外还有图文混排的问题，比如网页 http://www.woniuxy.com/learn/ 的顶部主要由一排图标和文字构成，如图 1-15 所示。

图 1-15　蜗牛学院页面头部

如果单纯地将图片和文字放在一行上，将会出现无法正常对齐的情况，代码如下。

```html
<!DOCTYPE html>
<html>
<head lang="en">
    <meta charset="UTF-8">
    <title>图文混排</title>
</head>
<body>
    <img src="../image/java-icon.png" />Java开发
    <img src="../image/test-icon.png" />软件测试
```

```
    <img src="../image/android-icon.png" />Android开发
</body>
</html>
```

运行效果如图 1-16 所示。

图 1-16   图文混排无法对齐

所以，当图片和文本放在一起进行排版的时候，会看到这样的问题出现。对于图文混排的情况，还需要设置图片的附加属性 align，如表 1-2 所示。

表 1-2   图像的 align 属性取值

值	描述
left	把图像对齐到左边
right	把图像对齐到右边
middle	把图像与中央对齐
top	把图像与顶部对齐
bottom	把图像与底部对齐

Netscape 又增加了 texttop、absmiddle、baseline 和 absbottom 4 种垂直对齐属性，Internet Explorer 则增加了 center。所以，不同的浏览器以及同一浏览器的不同版本对 align 属性的某些值的处理方式是不同的。笔者不建议使用该属性，简单来看如下实例代码。

```
<!DOCTYPE html>
<html>
<head lang="en">
    <meta charset="UTF-8">
    <title>关于HTML图片的处理</title>
</head>
<body background="image/black-star.jpg">
    <!-- 图片的大小，要么修改宽度，要么只修改高度，保持纵横比例  -->
    <img src="image/woniufamily.png" width="400" height="220" /><p></p>
    <img src="image/woniufamily.png" width="400" alt="这是一张好图" align="middle" />
             
    <font color="white">欢迎来到蜗牛学院学习软件开发和测试！</font>
    <hr/>
</body>
</html>
```

运行效果如图 1-17 所示。

上述源文件的内容存在如下问题。

（1）对于第一张图片，强制设置了宽度和高度，但是并没有按照原始比例进行设置，所以出现了严重的变形。

（2）对于第二张图片，只设置了宽度，高度会等比例调整，所以图形等比例缩小。同时使用了 align="middle"属性，使右边的文本基本上保持了与图片的居中对齐。

（3）图片与文本之间存在一些距离，这些距离便是使用 （空格）这个特殊符号来进行处理的，即在文本与图片之间添加了 9 个空格。所以，如果在源文件中单纯地使用 Space 键输入空格，在浏览器中是无法处理的，就像回车符必须使用
一样，一切皆需使用标签。

（4）最下方使用<hr/>标签添加了一条水平线。

图 1-17　图文混排时保持垂直居中

基于上述为题的解决方案，基础优化官网页面的头部，代码如下。

```
<!DOCTYPE html>
<html>
<head lang="en">
    <meta charset="UTF-8">
    <title>图文混排</title>
</head>
<body>
    <img src="../image/java-icon.png" align="middle"/> Java开发  
    <img src="../image/test-icon.png" align="middle"/> 软件测试  
    <img src="../image/android-icon.png" align="middle"/> Android开发  
</body>
</html>
```

使用浏览器打开，看到的效果如图 1-18 所示。

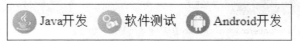

图 1-18　图文混排时垂直居中

某些浏览器可能无法正确解析 align 属性，则上述效果无法实现。

1.3.4　表格

在 HTML 页面中，表格一直以来都发挥着非常重要的作用，除了显示表格化数据以外，更重要的一个方面是非常有利于进行页面布局。HTML 表格实例如表 1-3 所示。

V1-10　表格排版-1

表 1-3　HTML 表格

First Name	Last Name	Points
Jill	Smith	50
Eve	Jackson	94
John	Doe	80
Adam	Johnson	67

　　HTML 表格由 <table> 标签来定义。每个表格均有若干行（由 <tr> 标签定义），每行被分割为若干单元格（由 <td> 标签定义）。字母 td 指表格数据（table data），即数据单元格的内容。数据单元格可以包含文本、图片、列表、段落、表单、水平线及表格等。使用 HTML 标签完成一个简单表格的代码如下。

```
<!DOCTYPE html>
<html>
<head lang="en">
    <meta charset="UTF-8">
    <title>表格应用</title>
</head>
<body>
<table border="1">
    <tr>
        <td>第1行，第1列</td>
        <td>第1行，第2列</td>
    </tr>
    <tr>
        <td>第2行，第1列</td>
        <td>第2行，第2列</td>
    </tr>
</table>
</body>
</html>
```

在浏览器显示运行效果如图 1-19 所示。

图 1-19　一个简单的 HTML 表格

　　上面的表格是一个最基础的表格结构，虽然设置了表格的边框为 1，但是明显看上去边框不止 1 个像素，同时单元格的内容与表格边框之间相距很近，显得非常拥挤。那么怎样来对表格进行美化呢？这里设置表格的边框为 1，设置表格内部单元格之间的间距为 0 个像素（cellspacing="0"），并设置单元格内与文字内容之间的边距为 10 个像素（cellpadding="10"），我们来看看源文件：

```
<!DOCTYPE html>
<html>
<head lang="en">
    <meta charset="UTF-8">
    <title>表格应用</title>
</head>
<body>
<table border="1" cellspacing="0" cellpadding="10">
    <tr>
        <td>第1行，第1列</td>
        <td>第1行，第2列</td>
    </tr>
    <tr>
        <td>第2行，第1列</td>
        <td>第2行，第2列</td>
    </tr>
</table>
</body>
</html>
```

运行效果如图 1-20 所示。

图 1-20 边框正常的表格

显然，这样的外观看上去要稍微好看一些，继续来为该表格进行美化，比如加上一个标题行，可以使用 thead 和 th 标签，它们是表格的特殊标签，专门应用于表格的标题栏，会让标题栏的内容加粗，同时设置标题栏的字体颜色为白色，并设置为黑色背景，代码如下。

```
<!DOCTYPE html>
<html>
<head lang="en">
    <meta charset="UTF-8">
    <title>表格应用</title>
</head>
<body>
<table border="1" cellspacing="0" cellpadding="10">
```

```
<thead>
    <th bgcolor="black"><font color="white">标题栏一</font></th>
    <th bgcolor="black"><font color="white">标题栏二</font></th>
</thead>
<tr>
    <td>第1行，第1列</td>
    <td>第1行，第2列</td>
</tr>
<tr>
    <td>第2行，第1列</td>
    <td>第2行，第2列</td>
</tr>
</table>
</body>
</html>
```

运行效果如图 1-21 所示。

图 1-21　美化后的表格

开发人员也可以设置单元格的宽度或高度，表格的宽度设置只需要对第一行的单元格进行设置即可，其他行的宽度会自动保持与第 1 行的宽度一致。同样的，如果要设置单元格的高度，则只需要对第 1 列进行设置即可。当然，也可以设置表格里面文本内容的对齐方式，如水平居中、水平靠右、垂直居中、顶部对齐等。例如如下源文件。

```
<!DOCTYPE html>
<html>
<head lang="en">
    <meta charset="UTF-8">
    <title>表格应用</title>
</head>
<body>
<table border="1" cellspacing="0" cellpadding="10" width="400">
    <thead>
        <th bgcolor="black" width="40%">
            <font color="white">标题栏一</font>
        </th>
        <th bgcolor="black" width="60%">
            <font color="white">标题栏二</font>
        </th>
```

```
    </thead>
    <tr>
        <td height="40" align="center">第1行，第1列</td>
        <td align="left">第1行，第2列</td>
    </tr>
    <tr>
        <td height="40" align="center">第2行，第1列</td>
        <td align="right" valign="top">第2行，第2列</td>
    </tr>
</table>
</body>
</html>
```

运行效果如图 1-22 所示。

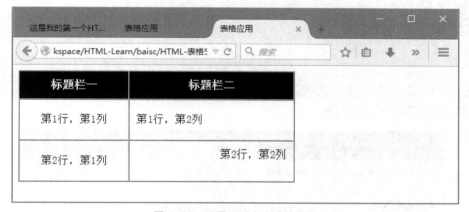

图 1-22　设置了对齐方式的表格

可以发现，其实单元格当中的元素默认就是垂直居中的，图像也不例外。读者可以试一试往一个单元格当中插入一张图片，来确认一下效果。

当然，其实 HTML 表格的使用跟在 Word 文档中插入一张表格原理是相似的，在 Word 或 Excel 中，还可以合并单元格，HTML 也提供了这样的功能（colspan 和 rowspan），例如下述代码。

V1-11　表格排版-2

```
<!DOCTYPE html>
<html>
<head lang="en">
    <meta charset="UTF-8">
    <title>表格应用</title>
</head>
<body>
<h4>单元格跨两格：</h4>
<table border="1">
    <tr>
        <th>Name</th>
        <th colspan="2">Telephone</th>
    </tr>
    <tr>
        <td>Bill Gates</td>
        <td>555 77 854</td>
```

```
        <td>555 77 855</td>
    </tr>
</table>

<h4>单元格跨两行:</h4>
<table border="1">
    <tr>
        <th>First Name:</th>
        <td>Bill Gates</td>
    </tr>
    <tr>
        <th rowspan="2">Telephone:</th>
        <td>555 77 854</td>
    </tr>
    <tr>
        <td>555 77 855</td>
    </tr>
</table>
</body>
</html>
```

最后的运行效果如图 1-23 所示。

图 1-23　合并单元格

事实上，表格除了用于展示数据外，还经常用来进行页面的布局。仔细分析所有网页可以发现，绝大部分网页的布局都可以被细分为一格一格的，都可以很容易地绘制出线框来拆解页面的布局。比如蜗牛学院官网的宣传页面，也可以绘制线框图，进而使用表格来完成页面的布局，相关实战演练将在后续章节中详细讲解。

1.3.5　表单元素

V1-12　表单元素

网页中常会有文本框、密码框、按钮、下拉框、单选复选框及文本域等专门用于与用户进行交互的元素，这些元素统称为表单元素，本小节将总结表单元素的使用及属性的设置。

1. 文本框

```
<input type="text" value="admin" id="username"  maxlength="20" />
```
id 表示该元素在网页中的唯一识别符。maxlength 表示文本框最多允许输入的字符数。

2. 密码框

```
<input type="password" value="123456" id="password" name="password" />
```

3. 按钮

```
<input type="button" value="单击我" onclick="alert('hi');" />
```
或者
```
<button onclick="alert('Hello');">单击我</button>
```
单击按钮时，可以响应按钮的单击事件 onclick，此时调用 JavaScript 的 alert 函数弹出对话框。

4. 单选框

```
<input type="radio" name="sex" />男
<input type="radio" name="sex" />女
```

单选框必须确保 name 属性都是一样的。

5. 复选框

```
<input type="checkbox" value="car" />汽车
<input type="checkbox" value="game" />游戏
<input type="checkbox" value="travel" />旅游
```

6. 下拉框

```
<select id="city">
    <option value="成都">成都</option>
    <option value="绵阳">绵阳</option>
    <option value="德阳">德阳</option>
    <option value="资阳">资阳</option>
</select>
```

7. 文本域

```
<textarea cols="50" rows="10">这是一段文本，可换行</textarea>
```
文本域不同于一般的文本框，文本框只能输入一行，而文本域可以输入任意多行。

8. 提交和重置表单

```
<form id="myform" action="http://服务器地址" method="post">
    <input type="text" value="123456" />
    <input type="reset" value="重置" />
    <input type="submit" value="提交" />
</form>
```
上述代码会生成一个表单，单击"重置"按钮会直接将表单内的元素重置为默认值，单击"提交"按钮则会将表单的内容提交给服务器端地址，用于进行交互。

由于现在网页中大量使用 AJAX 来提交请求，所以使用 Form 来提交数据并不是必须的。

1.3.6 列表

V1-13 列表元素

1. 有序列表

```
<ol>
    <li>这是第一项</li>
```

```
    <li>这是第二项</li>
    <li>这是第三项</li>
    <li>这是第四项</li>
    <li>这是第五项</li>
    <li>这是第六项</li>
</ol>
```

运行结果如图 1-24 所示。

1. 这是第一项
2. 这是第二项
3. 这是第三项
4. 这是第四项
5. 这是第五项
6. 这是第六项

图 1-24 有序列表

2. 无序列表

```
<ul>
    <li>这是第一项</li>
    <li>这是第二项</li>
    <li>这是第三项</li>
    <li>这是第四项</li>
    <li>这是第五项</li>
    <li>这是第六项</li>
</ul>
```

运行结果如图 1-25 所示。

- 这是第一项
- 这是第二项
- 这是第三项
- 这是第四项
- 这是第五项
- 这是第六项

图 1-25 无序列表

　　无序列表和有序列表只有外部标签不同，一个为<ol>，一个为<ul>，其他设置完全一样。列表在很多菜单或导航栏里面用得比较广泛，列表默认是竖排的，当然也可以横排，还可以设置前面数字或者小圆点的样式。这些样式的设置需要使用 CSS 来完成，所以将在后续章节详细讲解。

V1-14 滚动字幕

1.3.7 滚动字幕

　　在网页当中常会用到一些动画效果或者轮播效果，这些都可以增强用户体验。HTML 早期版本也自带了一个滚动字幕的效果（标签为 marquee），在一些新闻类网站上或者可以看到，通过滚动可以让更少的区域存放更多的内容，同时实现更加丰富的展现效果，实现代码如下。

```
<marquee>你好，欢迎来到蜗牛学院学习好玩的技术！</marquee>
<marquee><img src="../image/woniufamily.png" width="300"/></marquee>
```

以上代码完成了一个最基本的滚动字幕效果，开发人员可以为 marquee 标签设置更多的属性，marquee 标签共包含 11 个有用的属性，列举如下。

1. align

设定<marquee>标签内容的对齐方式，可用取值如下。

（1）absbottom：绝对底部对齐（与 g、p 等字母的最下端对齐）。

（2）absmiddle：绝对中央对齐。

（3）baseline：底线对齐。

（4）bottom：底部对齐（默认）。

（5）left：左对齐。

（6）middle：中间对齐。

（7）right：右对齐。

（8）texttop：顶线对齐。

（9）top：顶部对齐。

（10）上述的对齐方式取值也同样适用于其他标签。

示例代码如下。

```
<marquee align="absbottom">align="absbottom"：绝对底部对齐。</marquee>
<marquee align="absmiddle">align="absmiddle"：绝对中央对齐。</marquee>
<marquee align="baseline">align="baseline"：底线对齐。</marquee>
<marquee align="bottom">align="bottom"：底部对齐（默认）。</marquee>
<marquee align="left">align="left"：左对齐。</marquee>
<marquee align="middle">align="middle"：中间对齐。</marquee>
<marquee align="right">align="right"：右对齐。</marquee>
<marquee align="texttop">align="texttop"：顶线对齐。</marquee>
<marquee align="top">align="top"：顶部对齐。</marquee>
```

2. behavior

设定滚动的方式，可用取值如下。

（1）alternate：表示在两端之间来回滚动。

（2）scroll：表示由一端滚动到另一端，会重复。

（3）slide：表示由一端滚动到另一端，不会重复。

示例代码如下。

```
<marquee behavior="alternate">表示在两端之间来回滚动。</marquee>
<marquee behavior="scroll">表示由一端滚动到另一端，会重复。</marquee>
<marquee behavior="slide">表示由一端滚动到另一端，不会重复。</marquee>
```

3. bgcolor

设定活动字幕的背景颜色，示例代码如下。

```
<marquee bgcolor="#006699">设定活动字幕的背景颜色
bgcolor="#006699"</marquee>
<marquee bgcolor="RGB(10%,50%,100%,)">设定活动字幕的背景颜色
bgcolor="rgb(10%,50%,100%,)"</marquee>
<marquee bgcolor="red">设定活动字幕的背景颜色 bgcolor="red"</marquee>
```

4. direction

设定活动字幕的滚动方向，示例代码如下。

```
<marquee direction="down">设定滚动方向direction="down"：向下</marquee>
```

```
<marquee direction="left">设定滚动方向direction="left"：向左</marquee>
<marquee direction="right">设定滚动方向direction="right"：向右</marquee>
<marquee direction="up">设定滚动方向direction="up"：向上</marquee>
```

5. height/width

设定活动字幕的高度和宽度，示例代码如下。

```
<marquee height="500" direction="down" bgcolor="#CCCCCC">设定活动字幕的高度height="500"
</marquee>
<marquee width="500" bgcolor="#CCCCCC">设定活动字幕的宽度width="500"</marquee>
```

6. hspace/vspace

设定活动字幕里所在的位置距离父容器水平和垂直边框的距离，示例代码如下。

```
<table width="500" border="1" align="center" cellpadding="0" cellspacing="0">
   <tr>
     <td><marquee hspace="100" vspace=50 bgcolor="#CCCCCC">
           hspace="100", vspace="50"</marquee></td>
   </tr>
 </table>
```

7. loop

设定滚动的次数，loop=-1 表示一直滚动下去，默认为-1，示例代码如下。

```
<marquee loop="-1" bgcolor="#CCCCCC">我会不停地走。</marquee>
<p> </p>
<marquee loop="2" bgcolor="#CCCCCC">我只走两次哦</marquee>
```

8. scrollamount

设定活动字幕的滚动速度，单位是像素，示例代码如下。

```
<marquee scrollamount="10" >scrollamount="10" </marquee>
<marquee scrollamount="20" >scrollamount="20" </marquee>
<marquee scrollamount="30" >scrollamount="30" </marquee>
```

9. scrolldelay:

设定活动字幕滚动两次之间的延迟时间，单位是 ms。示例代码如下。

```
<marquee scrolldelay="10" >scrolldelay="10" </marquee>
<marquee scrolldelay="100" > scrolldelay="100"</marquee>
<marquee scrolldelay="1000">scrolldelay="1000" </marquee>
```

10. 其他

另外，为了方便用户阅读滚动字幕信息，下面这两个事件经常用到。

（1）onMouseOut="this.start()"：用来设置鼠标移出该区域时继续滚动。

（2）onMouseOver="this.stop()"：用来设置鼠标移入该区域时停止滚动。

示例代码如下：

V1-15 音频视频

```
<marquee onMouseOut="this.start()" onMouseOver="this.stop()">用来设置鼠
标移出该区域时继续滚动，鼠标移入该区域时停止滚动</marquee>
```

1.3.8 音频/视频播放

在 HTML5 规范中，使用 audio 和 video 标签，浏览器直接可以支持音频和视频播放，例如如下代码。

```
<!DOCTYPE html>
<html>
<head lang="en">
   <meta charset="UTF-8">
   <title>音视频</title>
```

```
</head>
<body>
    <p/>
    <audio controls="controls" loop="loop" preload="auto">
        <source src="done.mp3" type="audio/mpeg">
        您的浏览器不支持音频播放...
    </audio>
    <p/>
    <video width="800" controls="controls">
        <source src="html-basic.mp4" type="video/mp4">
        您的浏览器不支持视频播放...
    </video>
</body>
</html>
```

对上述标签简单解释如下。

（1）audio 代表音频播放，controls 表示显示播放器控制栏，如果不使用该属性，则用户无法控制播放。loop 表示循环方式，preload 表示自动预加载资源文件。

（2）source 标签中指定了音频或视频的源文件，type 对应的是媒体类型，音频类型支持 audio/mpeg、audio/ogg 和 audio/wav，视频类型支持 video/mp4、video/webm 和 video/ogg。

（3）video 代表视频播放，设置 width 或 height，浏览器会自动决定视频播放画面的缩放比例。

运行上述代码，在浏览器中可以看到的效果，如图 1-26 所示。

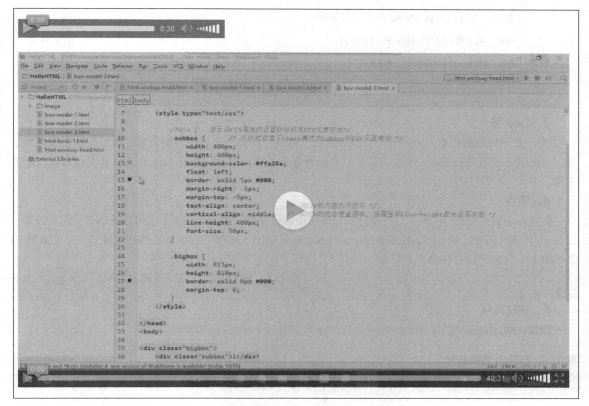

图 1-26　音频/视频播放界面

V1-16 RGB 颜色
编码

1.3.9 其他标签

1. 水平线

```
<hr align="center" width="100%" size="10" />
```

默认情况下，水平线是一条贯穿其父容器的线条，用于分隔部分内容，让界面整体布局显得更有层次感。通过设置其 size 属性，可以设置水平线的高度。

2. iframe

iframe 主要用于在当前页面中显示另外一个页面的内容，代码如下。

```
<iframe width="680" height="300" frameborder="1" src="HTML-文本.html" />
```

运行效果如图 1-27 所示。

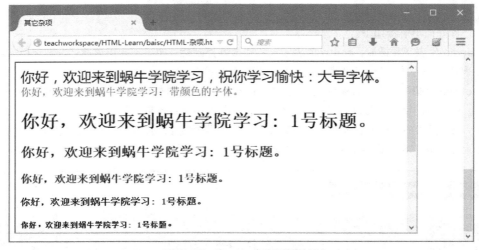

图 1-27　iframe 内嵌页面效果

3. DIV 层

DIV 是一种容器元素，本身并不直接显示任何内容，而是用于存放其他元素，特别是应用在页面布局上，比表格布局更加灵活，更加有优势。本书将在后续章节中专门介绍 DIV 元素以及其在布局方面的使用。

4. 锚点

锚点是超链接标签<a>的一种特殊用法，即使用超链接链接到某个页面（也可以是当前页面）的某个设置了 ID 值的属性上面。比如在页面 http://www.woniuxy.com/learn/index.html 设置了一个元素的 ID 属性为 jobs，就可以在任意页面使用

```
<a href=" http://www.woniuxy.com/learn/index.html#jobs" 直接访问到该页面的jobs元素所在的位置。
```

5. 特殊符号

如表 1-4 所示。

表 1-4　HTML 特殊符号

显示结果	描述	实体名称	实体编号
	空格		
<	小于号	&lt;	&#60;

显示结果	描述	实体名称	实体编号
>	大于号	&gt;	&#62;
&	和号	&amp;	&#38;
"	引号	&quot;	&#34;
'	撇号	' (IE 不支持)	&#39;
¢	分	&cent;	&#162;
£	镑	&pound;	&#163;
¥	日元	&yen;	&#165;
€	欧元	&euro;	&#8364;
§	小节	&sect;	&#167;
©	版权	&copy;	&#169;
®	注册商标	&reg;	&#174;
™	商标	&trade;	&#8482;
×	乘号	&times;	&#215;
÷	除号	&divide;	&#247;

6. 颜色取值

在 HTML 中，颜色值可以有两种表现方式，一是使用 RGB 编码来进行精确的颜色控制，另外一种则使用颜色的英文单词来表示。

RGB 编码一共由 6 位 16 进制数组成，能表达的颜色范围为 #000000 ~ #FFFFFF，其中#000000表示纯黑色，#FFFFFF 表示纯白色。在这 6 位值中，前两位（即 16 的平方共 256 个值）表示红色，中间两位表示绿色，最后两位表示蓝色。比如表示纯红色的值为：#FF0000，表示纯蓝色，则值为#0000FF，如果每两位的值一样，则可以减少到用 3 位一表示，比如#F00 同样可以表示蓝色。其实颜色的显示本身就是由三原色红、绿、蓝通过不同的比例混合而成的，这也就是 RGB 的本质。

几种最常见的纯色取值如表 1-5 所示。

表 1-5　常见的颜色取值

颜色名（Color）	颜色十六进制（Color HEX）	颜色 RGB（Color RGB）
黑色	#000000	Rgb（0,0,0）
红色	#FF0000	rgb（255,0,0）
绿色	#00FF00	rgb（0,255,0）
蓝色	#0000FF	rgb（0,0,255）
黄色	#FFFF00	rgb（255,255,0）
天蓝色	#00FFFF	rgb（0,255,255）
紫色	#FF00FF	rgb（255,0,255）
灰色	#C0C0C0	rgb（192,192,192）
白色	#FFFFFF	rgb（255,255,255）

在 WebStorm 集成开发环境中，需要选择颜色时，WebStorm 会直接智能提示颜色，或打开颜色选择器供用户自定义颜色，开发人员可以看到自己选择的颜色以及对应的 RGB 编码，如图 1-28 所示。

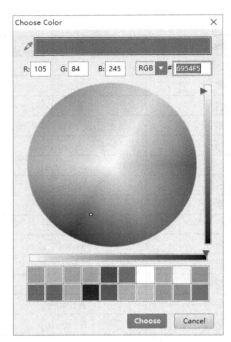

图 1-28　颜色拾取器

　　通常对于 Web 前端开发工程师来说，页面上的布局、配色通常是由美工来完成，所以在这方面对工程师的要求相对要低一些。但是笔者仍然建议读者学习网页的排版、布局以及配色、美工方面的知识，使网页设计得更加专业，更加人性化，增强用户体验。

　　本章主要介绍了 HTML 页面的常用标签及属性，以及 WebStorm 开发工具的使用及一些 Web 前端开发的常识，下一章将引入两个实战项目来对本章所学知识进行消化。

第2章

HTML项目实战

本章导读：

■ 本章主要基于第 1 章所学知识，来完成两个小型的项目实战，帮助读者将所学知识进行灵活的运用，同时更加深入地理解 HTML 的标签和属性，对实际遇到的问题进行解决和处理。

学习目标：

（1）充分理解HTML常用标签及其属性的应用。

（2）熟练运用HTML常用标签完成网页的布局及美化。

（3）熟练运用WebStorm前端开发工具开发HTML页面。

（4）对开发HTML页面的过程中遇到的问题能够灵活处理并解决。

（5）能够独立完成一个网页的布局与优化。

（6）能够根据一个成型页面快速绘制出其结构框架。

2.1　在线计算器

2.1.1　项目介绍

本实战项目主要完成一个在线计算器的布局，最终效果如图 2-1 所示。

V2-1　在线计算器

AC	+/-	%	÷
7	8	9	×
4	5	6	-
1	2	3	+
0	保留	.	=

图 2-1　在线计算器界面

2.1.2　开发思路

不难看出，本计算器界面完全可以使用表格来完成布局。这里利用线框图来进行分析，该布局可以由两个表格来完成，上部的 3 个小按钮和结果展示框用一个表格，下面的 5 行 4 列用一个表格，线框图绘制效果如图 2-2 所示。

AC	+/-	%	÷
7	8	9	×
4	5	6	-
1	2	3	+
0	保留	.	=

图 2-2　计算器线框图

事实上，任何一个网页都可以使用这种布局分析方式来对其结构进行设计。有了这样的结构图后，实施过程将会变得更加有条理，思路也会更加清晰。当线框图绘制完成后，使用 HTML 的表格来进行布局，对内容的显示和排版，按照如下步骤对该界面进行分解。

1．绘制布局表格

由于表格的列并不相同，所以最简单的方式是绘制两个表格，上下各一个。上部主要负责 3 个小圆点和计算结果框的处理，所以应该为 2 行 1 列的表格；下部为计算器按钮，应为 5 行 4 列的表格。

当然，也可以使用合并单元格的方式将整个计算器处理为一个表格，如果按这种思路来处理，需要将上部的两行按照合并 4 列的方式进行，这可以使用 colspan="4"的属性来进行合并。

2．绘制结果框

结果框有一条红色的边框线条，根据表格的基本属性，只能对一张表格进行边框的设置，无法为某一个单元格进行不同的设置。那么这个结果框应该怎么处理呢？其实解决方案非常简单，直接在单元格中再插入一个一行一列的表格即可。

3．绘制按钮

虽然是一个计算器按钮，但是并不需要使用<input type="button">或<button>标签来绘制，一个单元格加上背景，再加入按钮的内容，同样可以起到按钮的作用。

4．设置按钮样式

按钮即单元格，只需要使用单元格<td>的 bgcolor 来设置其背景色，同时使用<font>标签及属性设置其显示内容即可。由于每一个单元格的背景色都是一样的，所以直接对该行设置背景色即可，即对标签<tr>设置其背景色。

另外，每个按钮之间还有一个大约 3 像素的间距模拟表格的边框。虽然可以设置表格的边框，但是默认边框是带立体效果的，而项目中的计算器界面是完全扁平化的，如何实现这一效果呢？这里使用表格的背景作为单元格的背景，再设置 cellspacing="3"即可完全模拟出扁平的边框效果。

5．绘制红蓝绿圆点

设置红蓝绿小圆点有多种方法，最简单的一种解决方案是直接在该单元格中插入一张图片。另外，也可以直接对中文的特殊符号"●"来设置其颜色和大小样式，进而模拟出三个小圆点。方法有很多种，也希望读者朋友能够通过每章的项目实战，多总结一些解决方案。

2.1.3 代码实现

根据上一节的分析思路，编制如下代码。

```html
<!DOCTYPE html>
<html>
<head lang="en">
    <meta charset="UTF-8">
    <title>在线计算器</title>
</head>
<body>

    <!-- 本表格完成上部2行1列的布局 -->
    <table border="0" width="450" align="center" bgcolor="#696969">
        <tr>
            <td height="40">
                  
                <font color="red" size="5">●</font>
```

```html
                    <font color="blue" size="5">●</font>
                    <font color="green" size="5">●</font>
                </td>
            </tr>
            <tr>
                <td height="60">
                    <!-- 本表格模拟结果框的边框线条 -->
                    <table border="0" width="100%" bgcolor="#ff4500" cellspacing="2">
                        <tr>
                            <td bgcolor="#696969" height="56"></td>
                        </tr>
                    </table>
                </td>
            </tr>
        </table>

        <!-- 计算器按钮部分的表格，每行每列的设置与属性几乎一致 -->
        <table border="0" width="450" align="center" bgcolor="#696969" cellspacing="3">
            <tr bgcolor="#7fffd4">
                <td height="80" width="25%" align="center"><font face="微软雅黑" size="6">
AC</font></td>
                <td width="25%" align="center"><font face="微软雅黑" size="6">+/-</font>
</td>
                <td width="25%" align="center"><font face="微软雅黑" size="6">%</font></td>
                <td width="25%" align="center"><font face="微软雅黑" size="6">÷</font></td>
            </tr>
            <tr bgcolor="#7fffd4">
                <td height="80" align="center"><font face="微软雅黑" size="6">7</font></td>
                <td align="center"><font face="微软雅黑" size="6">8</font></td>
                <td align="center"><font face="微软雅黑" size="6">9</font></td>
                <td align="center"><font face="微软雅黑" size="6">×</font></td>
            </tr>
            <tr bgcolor="#7fffd4">
                <td height="80" align="center"><font face="微软雅黑" size="6">4</font></td>
                <td align="center"><font face="微软雅黑" size="6">5</font></td>
                <td align="center"><font face="微软雅黑" size="6">6</font></td>
                <td align="center"><font face="微软雅黑" size="6">-</font></td>
            </tr>
            <tr bgcolor="#7fffd4">
                <td height="80" align="center"><font face="微软雅黑" size="6">1</font></td>
                <td align="center"><font face="微软雅黑" size="6">2</font></td>
                <td align="center"><font face="微软雅黑" size="6">3</font></td>
                <td align="center"><font face="微软雅黑" size="6">+</font></td>
            </tr>
            <tr bgcolor="#7fffd4">
                <td height="80" align="center"><font face="微软雅黑" size="6">0</font></td>
                <td align="center"><font face="微软雅黑" size="6">保留</font></td>
                <td align="center"><font face="微软雅黑" size="6">.</font></td>
                <td align="center"><font face="微软雅黑" size="6">=</font></td>
            </tr>
        </table>
```

```
</body>
</html>
```

运行代码，可以实现效果。注意，代码中对两个表格都设置了 align="center" 的属性，这表示表格会在浏览器中水平居中。不是让表格的内容相对于表格居中，而是整个表格相对于浏览器窗口居中，这两种居中是不一样的，请注意区分。

另外，计算器按钮部分的所有字体的大小、颜色、对齐方式等都完全一样，像这种重复的设置，代码非常冗余，有没有一种更好的解决方案呢？答案是肯定的，就是使用 CSS 样式表来完成统一的样式设置。

2.2 蜗牛学院官网

2.2.1 项目介绍

V2-2　蜗牛官网-1

本实战演练主要来完成蜗牛学院全线工程师页面首屏的布局与美化，实现高仿，参考网址：http://www.woniuxy.com/learn/test.html，其效果图如 2-3 所示。

图 2-3　项目实战效果图

2.2.2 开发思路

利用手绘或绘图工具的方式，对其网页结构进行一个初步的分析，如图 2-4 所示。

根据对线框图的分析，可见整个页面布局只需要 4 张表格，且 4 张表格均设置绝对的宽度和高度，同时相对于 body 保持水平居中（align="center" 即可），且所有表格不需要边框（但是为了调试方便，建议在开发时保持一个边框，这样可以更精准地定位表格所在的位置）。

图 2-4　宣传页面线框图

整个结构拆解如下。

（1）整个 body 设置一张背景图，使用 background 属性即可设置背景图像。背景图片及页面的所有图片元素均可至该网站直接下载。

（2）头部一张表格里面共有 1 行 12 列，设置相应的宽度，逐步调整宽度到最合适。且单元格里面的文字和图标需要设置正确的对齐方式和字体大小以及白色的字体颜色。整个表格的宽度为 1100 像素。如果不清楚具体的宽度，可以直接根据当前显示器的分辨率来进行预估，或者使用浏览器的开发人员工具（直接按 F12 快捷键即可调出）通过对元素进行定位来确认其基本属性。

（3）第二个表格设置为且为 2 行 1 列，设置为相对于 body 水平居中，同时设置相应的宽度，基本上可考虑在 900 像素左右。同时，该效果图中的文本"软件测试工程师为何受青睐？"使用的是一种特别的字体，叫"时尚中黑"，一般的用户计算机上是没有这个字体的，所以为了避免用户访问该网页时出现无法调用字体的问题，在该网页中使用一张图片来代替。

（4）第三个表格设置为 3 行 4 列，全部水平居中，内容也水平垂直居中，为每一行设置合适的高度和字体大小以及间距。

（5）第四个表格只需要 1 行 3 列，为单元格设置背景色，设置相应的间距即可实现。

通过上述 5 点分析可以发现，这个页面的开发过程并不复杂，完全可以利用已经学习到的知识来完成。

V2-3　蜗牛官网-2

2.2.3　代码实现

```
<!DOCTYPE html>
<html>
<head lang="en">
    <meta charset="UTF-8">
```

```
    <title>蜗牛学院官网-软件测试</title>
</head>
<!-- 此处使用了CSS属性style="margin: 0px;"来设置浏览器与内容之间无边距 -->
<body background="../image/black-earth.jpg" style="margin: 0px;">

<!-- 实现官网头部导航栏 -->
<table width="1100" height="90" align="center" bgcolor="black" border="0">
    <tr>
        <td width="40%"><img src="../image/logo.png" width="265" /></td>
        <td width="3.5%"><img src="../image/java-icon.png" /></td>
        <td width="8.5%"><span>
            <a href="http://www.woniuxy.com/learn/java.html">
            <font color="white" size="4" face="微软雅黑">Java开发</font>
            </a></span>
        </td>
        <td width="3.5%"><img src="../image/android-icon.png" /></td>
        <td width="8.5%"><span>
            <a href="http://www.woniuxy.com/train/web.html">
            <font color="white" size="4" face="微软雅黑">Web前端</font>
            </a></span>
        </td>
        <td width="3.5%"><img src="../image/test-icon.png" /></td>
        <td width="8.5%"><span>
            <a href="http://www.woniuxy.com/learn/test.html">
            <font color="white" size="4" face="微软雅黑">软件测试</font>
            </a></span>
        </td>
        <td width="3.5%"><img src="../image/about.png" width="30"/></td>
        <td width="8.5%"><span>
            <a href="http://www.woniuxy.com/learn/collect.html">
            <font color="white" size="4" face="微软雅黑">学员作品</font>
            </a></span>
        </td>
        <td width="3.5%"><img src="../image/communicate.png" width="30"/></td>
        <td width="8.5%"><span>
            <a href="http://www.woniuxy.com/blog/">
            <font color="white" size="4" face="微软雅黑">原创博客</font>
            </a></span>
        </td>
    </tr>
</table>
<hr/>

<!-- 实现中部上方内容 -->
<font color="white" size="4" face="微软雅黑">
<table border="0" width="1100" align="center">
    <tr height="100"><td align="center"><img src="../image/why-test.png" /> </td></tr>
    <tr height="50"><td align="center">
        随着IT及移动互联网的调整发展，软件产品的质量及用户体验越来越受到企业和客户的重视，</td>
    </tr>
    <tr height="50"><td align="center">
```

```
            据相关调查显示，中国软件企业每年对软件测试人才的需求为30万左右。  </td>
        </tr>
</table>
</font>


<!-- 实现中部下方内容 -->
<table border="0" width="1100" align="center" cellpadding="20">
    <tr height="200">
        <td width="25%" align="center">
            <img src="../image/circle-blue-1.png" width="150" />
        </td>
        <td width="25%" align="center">
            <img src="../image/circle-red-1.png" width="150" />
        </td>
        <td width="25%" align="center">
            <img src="../image/circle-green-3.png" width="150" />
        </td>
        <td width="25%" align="center">
            <img src="../image/circle-yellow-2.png" width="150" />
        </td>
    </tr>
    <tr height="50">
        <td align="center">
            <font color="white" size="5" face="微软雅黑">软件产品多</font>
        </td>
        <td align="center">
            <font color="white" size="5" face="微软雅黑">质量受重视</font>
        </td>
        <td align="center">
            <font color="white" size="5" face="微软雅黑">学校无专业</font>
        </td>
        <td align="center">
            <font color="white" size="5" face="微软雅黑">人才难求</font>
        </td>
    </tr>
    <tr height="80">
        <td align="center"><font color="white" size="3" face="微软雅黑">
            我国已经跃升为世界第一互联网大国，软件用户数量和产品数量也居于世界第一。
        </font></td>
        <td align="center"><font color="white" size="3" face="微软雅黑">
        长期以来我国的软件产品质量饱受诟病，而这几年，各企业越来越重视软件产品质量。
        </font></td>
        <td align="center"><font color="white" size="3" face="微软雅黑">
        软件测试不是一类专业，目前归属于软件工程专业，开设软件测试专业方向的学校少。
        </font></td>
        <td align="center"><font color="white" size="3" face="微软雅黑">
        我国软件测试行业起步较晚，优秀的软件测试工程师非常抢手，造成了人才招聘困境。
        </font></td>
    </tr>
</table>
```

```html
<!-- 实现官网底部导航栏 -->
<!-- 此处使用了CSS属性style="border-radius: 10px;"来设置单元格为圆角 -->
<table width="750" height="50" border="0" align="center" >
    <tr>
        <td bgcolor="#eb3980" align="center" style="border-radius: 10px;">
          <a href="http://www.woniuxy.com/">
            <font color="white" size="4" face="微软雅黑">免费在线视频</font>
            </a>
        </td>
        <td>   </td>
        <td bgcolor="#00bfff" align="center" style="border-radius: 10px;">
          <a href="http://www.woniuxy.com/train/employ.html">
            <font color="white" size="4" face="微软雅黑">查看就业信息</font>
            </a>
        </td>
        <td>   </td>
        <td bgcolor="#ff8c00" align="center" style="border-radius: 10px;">
          <a href="#">
            <font color="white" size="4" face="微软雅黑">申请免费试学</font>
            </a>
        </td>
    </tr>
</table>

</body>
</html>
```

　　通过对本章两个项目的实战演练，读者应该可以完成对绝大部分页面的布局和优化。但是对于网页中很多很奇特的效果，比如超链接的鼠标悬停特效，或者一些网页动画特效，例如一些非规则形状的布局等，单纯通过 HTML 的传统标签和标准属性是无法完全处理的，需要使用 CSS 样式表来进行更专业、更深入的美化处理。

第3章

CSS核心基础

学习目标:

（1）充分理解HTML中的CSS样式表的应用。

（2）充分理解CSS如何与元素进行关联。

（3）熟练运用CSS属性完成网页的布局及美化。

（4）熟练运用CSS各种格式化属性。

（5）熟练使用CSS来操作文本、图像、表格、超链接等。

（6）熟练使用CSS来操作一些常用的特效属性。

本章导读:

■ 本章主要介绍在 Web 页面中如何利用CSS层叠样式表对HTML页面进一步美化，以及充分利用盒模型完成更灵活的页面布局。

■ 这里将充分利用上一章所学知识，并且完全抛弃使用 HTML 标签的自带属性来完成对页面的布局和美化工作，进而学习目前流行的基于盒模型和XHTML 规范的页面布局技术，以及如何利用 CSS 完成样式的设置和美化。

3.1 CSS 基础

V3-1 CSS 简介

3.1.1 CSS 简介

CSS 指 "层叠样式表"，英文全称为 Cascading Style Sheets，是一种用来表现 HTML（标准通用标记语言的一个应用）或 XML（标准通用标记语言的一个子集）等文件样式的计算机语言。CSS 不仅可以静态地修饰网页，还可以配合各种脚本语言动态地对网页各元素进行格式化。

CSS 能够对网页中元素位置的排版进行像素级精确控制，支持几乎所有字体字号样式，拥有对网页对象和模型样式编辑的能力。CSS 是在 HTML4 开始使用的，是为了更好地渲染 HTML 元素而引入的。

3.1.2 CSS 的特点

CSS 为 HTML 标记语言提供了一种样式描述，定义了其中元素的显示方式。CSS 在 Web 设计领域是一个突破，利用它可以实现修改一个小的样式更新与之相关的所有页面元素。

总体来说，CSS 具有以下特点。

1. 丰富的样式定义

CSS 提供了丰富的文档样式外观，以及设置文本和背景属性的能力；允许为任何元素创建边框，设置元素边框与其他元素间的距离以及元素边框与元素内容间的距离；允许随意改变文本的大小写方式、修饰方式以及其他页面效果。

2. 易于使用和修改

CSS 可以将样式定义在 HTML 元素的 style 属性中，可以将其定义在 HTML 文档的 header 部分，也可以将样式声明在一个专门的 CSS 文件中，以供 HTML 页面引用。总之，CSS 样式表可以将所有样式声明统一存放，进行统一管理。

另外，开发人员可以将相同样式的元素进行归类，使用同一个样式进行定义，也可以将某个样式应用到所有同名的 HTML 标签中，还可以将一个 CSS 样式指定到某个页面元素中。如果要修改样式，只需要在样式列表中找到相应的样式声明进行修改即可。

3. 多页面应用

CSS 样式表可以单独存放在一个 CSS 文件中，这样就可以在多个页面中使用同一个 CSS 样式表。CSS 样式表理论上不属于任何页面文件，在任何页面文件中都可以将其引用，这样就可以实现多个页面风格的统一。

4. 层叠

简单地说，层叠就是对一个元素多次设置样式，最终生效的是最后一次设置的属性值。例如对一个站点中的多个页面使用了同一套 CSS 样式表，而某些页面中的某些元素想使用其他样式，就可以针对这些样式单独定义一个样式表应用到页面中。这些后来定义的样式将对前面的样式设置进行重写，在浏览器中看到的将是最后面设置的样式效果。

5. 页面压缩

在使用 HTML 定义页面效果的网站中，往往需要大量或重复的表格和 font 元素形成各种规格的文字样式，这样做的后果就是会产生大量的 HTML 标签，使页面文件的大小增加。而将样式的声明单独放到 CSS 样式表中，可以大大减小页面的体积，这样在加载页面时使用的时间也会大大减少。另外，CSS 样式表的复用更大程度缩减了页面的文件大小，减少下载的时间。

V3-2　CSS 使用

3.1.3　CSS 的使用

CSS 可以通过以下方式添加到 HTML 页面中。

（1）内联样式：在 HTML 元素中使用"style" 属性进行设置。

（2）内部样式表：在 HTML 文档头部 <head> 区域使用<style> 元素来包含 CSS。

（3）外部引用：使用外部 CSS 文件，可以让一个 CSS 文件被多个页面重用。

CSS 在使用的过程中，主要通过使用选择器来定位某一个或一批元素，并为其设置相应的 CSS 属性和不同的值来实现不同的样式。

1. 属性

属性的名字是一个合法的标识符，它们是 CSS 语言中的关键字。一种属性规定格式修饰的一个方面，例如 color 是文本的颜色属性，而 font-size 则规定了字体的大小，background-color 则定义的是容器的背景色等。要掌握一个属性的用法，有 6 个方面需要了解，具体叙述如下。

（1）该属性的合法属性值。比如段落缩进属性 text-indent 只能赋给一个表示长度的值，而表示背景图案的 background-image 属性则应该取一个表示图片位置链接的值或者关键字（如 none 表示不用背景图案）。

（2）该属性的默认值。当在样式表单中没有规定该属性，而且该属性不能从它的父级元素继承的时候，则浏览器将认为该属性取它的默认值。

（3）该属性所适用的元素。有的属性只适用于某些个别的元素，比如 white-space 属性就只适用于块级元素，可以取 normal、pre 和 nowrap3 个值，当取 normal 的时候，浏览器将忽略掉连续的空白字符，而只显示一个空白字符；当取 pre 的时候，则保留连续的空白字符；取 nowrap 的时候，连续的空白字符将被忽略，而且不自动换行。

（4）该属性的值是否被下一级继承。

（5）如果该属性能取百分值，那么该百分值将如何解释。也就是百分值所相对的标准是什么。如 margin 属性可以取百分值，它是相对于 margin 所存元素的容器的宽度。

（6）该属性所属的媒介类型组。

2. 属性值

（1）整数和实数：和普通意义上的整数和实数没有多大区别，但在 CSS 中只能使用浮点小数，而不能像其他编程语言那样使用科学计数法表示实数，即 1.2E3 在 CSS 中将是不合法的。正确示例如整数 128、-313，实数 12.20、1415、-12.03。

（2）长度量：一个长度量由整数或实数加上相应的长度单位组成。长度量常用来对元素定位。定位分为绝对定位和相对定位，因而长度单位也分为相对长度单位和绝对长度单位。相对长度单位如下。

① em：当前字体的高度，也就是 font-size 属性的值。

② ex：当前字体中小写字母 x 的高度。

③ px：一个像素的长度，其实际的长度由显示器的设置决定，比如在 1440×900 的设置下，一个像素的长度就等于屏幕的宽度除以 1440。

另一点值得注意的是，子级元素不继承父级元素的相对长度值，只继承它们的实际值。

（3）百分数量：百分数量就是数字加上百分号。显然，百分数量总是相对的，所以和相对长度量一样，百分数量不被子级元素继承。

3. 选择器

选择器是 CSS 与元素及样式建立关联的很重要的一种手段。CSS 选择器的使用，决定了 CSS 样式作用于哪一个元素或者哪一种元素，对于快速或精确设置元素的样式至关重要。

（1）标签选择器：使用类型选择器，可以向这种元素类型的每个实例上应用声明。

（2）属性选择器：通过设置元素的 class 属性或 id 属性来定位元素，甚至可以直接使用元素的内嵌属性 style 来直接设置样式；也可以通过 HTML 的传统属性来进行定位，比如[type="button"]。

（3）组合选择器：可以将类型选择器、ID 选择器和类选择器组合成不同的选择器类型来构成更复杂的选择器。通过组合选择器，可以更加精确地处理希望赋予某种表示的元素，也可以通过指定父子关系来对元素进行选择。

（4）伪类选择器：设计伪类和伪元素可以实现其中的一些效果。使用伪类可以根据一些情况改变文档中链接的样式，如根据链接是否被访问、何时被访问以及用户和文档的交互方式来应用改变。借助于伪元素，可以更改元素的第一个字母和第一行的样式，或者添加源文档中没有出现过的元素。

4．STYLE 属性

尽管在选择器中可以使用 CLASS 和 ID 属性值，STYLE 属性实际上可以替代整个选择器机制。不是只具有一个能够在选择器中引用的值（这正是 ID 和 CLASS 具有的值），STYLE 属性的值实际上是一个或多个 CSS 声明。通常情况下，使用 CSS，设计者将把所有样式规则置于一个样式表中，该样式表位于文档顶部的 STYLE 元素内（或在外部进行链接）。但是，使用 STYLE 属性能够绕过样式表将声明直接放置到文档的开始标记中，从而更直接地影响当前这一个元素，而且 STYLE 属性设置的样式具有最高优先级，但是它跟 ID 选择器一样，主要的弊端是无法重用。

3.2 CSS 选择器

3.2.1 标签选择器

V3-3 CSS 选择器

一个完整的 HTML 页面是由很多标签组成的，而标签选择器则决定哪些标签采用相应的 CSS 样式。例如，以下简单规则的选择器是 td，因此规则作用于文档中所有的 td 元素。

```html
<head lang="en">
    <meta charset="UTF-8">
    <title>在线计算器</title>
    <style type="text/css">
        td {
            font-size: 30px;
            font-family: 微软雅黑;
        }
    </style>
</head>
```

上述代码通过在<head></head>标签中插入<style></style>标记的方式来对页面的元素设置 CSS 样式，这样做的好处是可以对当前页面的所有元素设置样式，作用范围为当前整个页面。也正因为这样，才需要使用选择器来对进行定位和区分，否则页面将无法按照设置的样式进行正常显示。

在第 2 章的在线计算器项目实战中，每一个按钮的单元格都需要重复使用相同的文本格式以及背景等，如果我们直接使用标签选择器，这件事情将会变得非常简单，只需要为<td>标签通过标签选择器设置样式即可。经过修改后，在线计算器的代码如下。

```html
<!DOCTYPE html>
<html>
<head lang="en">
```

```html
    <meta charset="UTF-8">
    <title>在线计算器</title>
    <style type="text/css">
        td {
            font-size: 32px;          /*设置字体大小为32像素*/
            font-family: 微软雅黑;    /*设置字体名称为微软雅黑*/
            text-align: center;       /*设置单元格的内容水平居中*/
        }
    </style>
</head>
<body>

    <!-- 本表格完成上部2行1列的布局 -->
    <table border="0" width="450" align="center" bgcolor="#696969">
        <tr>
            <td height="40">
                  
                <font color="red" size="5">●</font>
                <font color="blue" size="5">●</font>
                <font color="green" size="5">●</font>
            </td>
        </tr>
        <tr>
            <td height="60">
                <!-- 本表格模拟结果框的边框线条 -->
                <table border="0" width="100%" bgcolor="#ff4500" cellspacing="2">
                    <tr>
                        <td bgcolor="#696969" height="56"></td>
                    </tr>
                </table>
            </td>
        </tr>
    </table>

    <!-- 计算器按钮部分的表格，每行每列的设置与属性几乎一致 -->
    <table border="0" width="450" align="center" bgcolor="#696969" cellspacing="3">
        <tr bgcolor="#7fffd4">
            <td height="80" width="25%">AC</td>
            <td width="25%">+/-</td>
            <td width="25%">%</td>
            <td width="25%">÷</td>
        </tr>
        <tr bgcolor="#7fffd4">
            <td height="80">7</td>
            <td>8</td>
            <td>9</td>
            <td>×</td>
        </tr>
        <tr bgcolor="#7fffd4">
            <td height="80">4</td>
            <td>5</td>
```

```
            <td>6</td>
            <td>-</td>
        </tr>
        <tr bgcolor="#7fffd4">
            <td height="80">1</td>
            <td>2</td>
            <td>3</td>
            <td>+</td>
        </tr>
        <tr bgcolor="#7fffd4">
            <td height="80">0</td>
            <td>保留</td>
            <td>.</td>
            <td>=</td>
        </tr>
    </table>
</body>
</html>
```

运行代码，效果如图 3-1 所示。

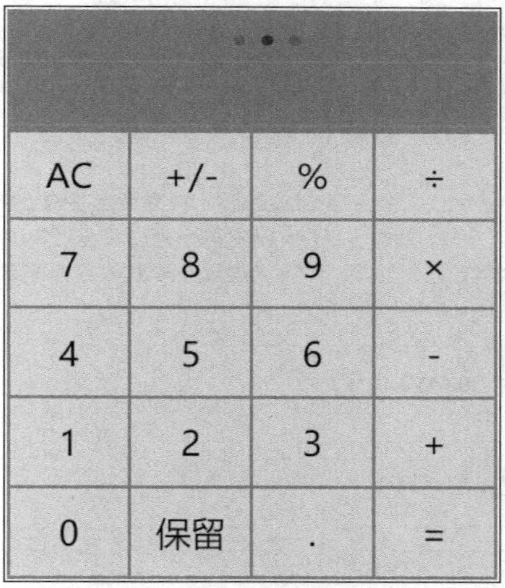

图 3-1　利用 CSS 修改过的计算器

通过对标签<td>设置 CSS 样式，计算器的按钮部分获得了同样的效果。但是，计算器第一行的三个小圆点也居中显示了，这是因为代码中针对所有<td>元素设置了相同的水平居中的属性，所以也同时影响到了第一行的内容。

3.2.2　ID 选择器

HTML 页面的任何一个元素，即任何一个标签，都拥有 ID 属性，通过为元素设置一个唯一的 ID 识别符，可以利用 CSS 的 ID 选择器对其使用样式。此处需要特别注意一点，在同一个页面中，ID 属性必须是唯一的，不能针对两个及以上的元素设置同样的 ID 属性，否则浏览器将无法定位元素，所以 ID 选择器与元素是一对一的关系。

例如如下实例，通过对表格分别设置不同的 CSS 样式来达到每一个单元格都显示不同的样式。

```html
<!DOCTYPE html>
<html>
<head lang="en">
    <meta charset="UTF-8">
    <title>ID选择器</title>
    <style>
        td {
            width: 200px;                    /* 为所有单元格设置统一宽度 */
            font-size: 20px;                 /* 为所有单元格设置统一字体 */
        }
        #main-table {                        /* ID选择器需要在ID前加#号 */
            border-width: 2px;               /* 设置表格的边框宽度为2像素 */
            border-style: solid;             /* 设置表格的边框类型的实线 */
            border-color: black;             /* 设置表格的边框颜色为黑色 */
        }
        #table-row-1 {
            height: 60px;                    /* 设置第一行的高度为60像素 */
            background-color: #FF7F50;       /* 设置第一行的背景色为橘红色 */
            font-size: 100px;                /* 设置第一行的字体大小为100像素,无效 */
        }
        #table-row-2 {
            height: 80px;                    /* 设置第二行的高度为80像素 */
            background-color: blue;          /* 设置第二行的背景色为蓝色 */
        }
        #table-cell-1 {
            font-size: 30px;                 /* 覆盖<td>标签的字体设置 */
            width: 300px;                    /* 设置第一列的宽度为300像素 */
            text-align: center;              /* 设置第一列的内容水平居中 */
        }
        #table-cell-2 {
            background-color: gray;
            text-align: right;
        }
        /* 单元格的其他样式此处省略 */
    </style>
</head>
<body>
    <table id="main-table">
        <tr id="table-row-1">
            <td id="table-cell-1">第一行第一列</td>
            <td id="table-cell-2">第一行第二列</td>
            <td id="table-cell-3">第一行第三列</td>
        </tr>
        <tr id="table-row-2">
            <td id="table-cell-4">第二行第一列</td>
            <td id="table-cell-5">第二行第二列</td>
            <td id="table-cell-6">第二行第三列</td>
        </tr>
    </table>
</body>
</html>
```

上述代码为页面中的每个元素都设置了 ID 属性，即可针对每一个元素设置不同的样式。上述 CSS 样式为所有单元格<td>设置了统一的样式，宽度为 200 像素，字体大小为 20 像素。这里针对 ID 为 "table-cell-1" 的单元格重新设置了宽度为 300 像素，在这种情况下，CSS 的处理方式是 "就近原则"，即离元素越紧密，其 CSS 属性就会覆盖其他更高层次的属性。为了证明这一点，同样针对标签<tr>中 ID 为 "table-row-1" 的单元格设置了字体大小为 100 像素，但是并没有生效。因为<td>的统一设置离目标元素更近，而<tr>是更高一层的设置，所以是无效的。上述代码运行效果如图 3-2 所示。

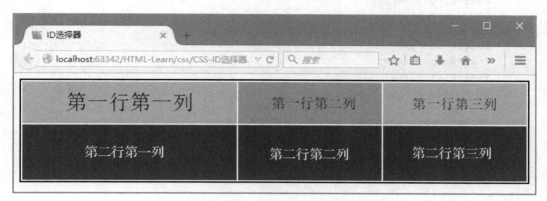

图 3-2 利用 ID 设置 CSS 属性的表格

3.2.3 Class 选择器

通过对前面两节的学习，读者应该可以很好地定位元素并执行相应的样式。但是也发现一个问题，如果利用标签选择器，就会直接影响整个页面。但是如果要使用 ID 选择器，又需要为每一个标签单独设置 ID 和属性，而 ID 在整个页面中又只能唯一，这意味着需要为每一个单独进行设置。这本身也没什么问题，但是如果有一批元素，需要为其设置相同的属性，但是又不能使用标签选择器来处理，而页面中的其他元素又不需要该样式。这个时候应该怎么处理呢？

比如在第 2 章的蜗牛学院官网的实战中，页面被分成了几个部分，每个部分由一个表格来完成布局，但是每个部分都是不同的样式，如果需要为每个部分的每个元素设置属性。可以通过使用 Class 选择器来完成批量的样式处理。

Class 选择器与 ID 选择器最大的不同是，在同一个页面中，可以针对多个元素设置相同的 Class 属性。这就好比每个人虽然只能有一个身份证号码（ID 属性），但是可以被归为不同的类别，比如可以是老师、司机、程序员、男性、长头发等，同样地，很多人可以拥有同一类别，并非某个人专有。所以 Class 选择器与元素之间是多对一的关系。

基于上节实例重新设置样式，使用 CSS 来对单元格设置样式，并且对某个单元格设置多个 Class 选择器，所有样式就都会作用在这个单元格上，代码如下。

```
<!DOCTYPE html>
<html>
<head lang="en">
    <meta charset="UTF-8">
    <title>Class选择器</title>
    <style>
        #main-table {
            border: solid 2px black;
        }
```

```
        .table-row {                  /* Class选择器需要在Class前加 . 号 */
            background-color: #9bff8d;
            font-size: 20px;
        }
        .table-cell-1 {
            width: 200px;
            height: 80px;
            text-align: center;
        }
        .table-cell-2 {
            height: 100px;
            text-align: right;
            font-size: 25px;
        }
        .bg-orange {
            background-color: darkorange;
        }
        .big-font {
            font-size: larger;
        }
    </style>
</head>
<body>
    <table id="main-table">
        <tr class="table-row">
            <td class="table-cell-1 bg-orange big-font">第一行第一列</td>
            <td class="table-cell-1">第一行第二列</td>
            <td class="table-cell-1">第一行第三列</td>
        </tr>
        <tr class="table-row">
            <td class="table-cell-2 bg-red">第二行第一列</td>
            <td class="table-cell-2">第二行第二列</td>
            <td class="table-cell-2">第二行第三列</td>
        </tr>
    </table>
</body>
</html>
```

最终运行效果如图 3-3 所示。

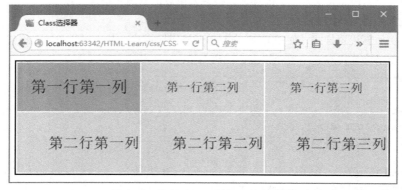

图 3-3　使用 Class 选择器优化表格

通过对 Class 选择器的使用，HTML 代码可以更加简洁，同时更加易于维护，只需要批量设置一个 CSS 样式，就可以快速影响一大片元素，而不用一个一个去调整。如何有效地利用标签选择器、ID 选择器和 Class 选择器，需要在实践中慢慢体会。

3.2.4 组合选择器

组合选择器可以结合所有标签、ID、Class 等对元素进行灵活定位，算是基础选择器的升级版，也就是组合去使用基础选择器的意思，因为配合一些 CSS 的专有语法，所以初学者比较难看懂，下面列举几个常用的组合选择器，如表 3-1 所示。

表 3-1　常用组合选择器

选择器	含义	示例
A,B	多个元素选择，同时匹配所有 A 元素和 B 元素，A 和 B 之间用逗号分隔	div,p { color:red; }
A B	后代元素选择器，匹配所有属于 A 元素后代的 B 元素，A 和 B 之间用空格分隔	#nav li { display:inline; } li a { font-weight:bold; }
A > B	子元素选择器，匹配所有 A 元素的子元素 B	div > strong { color:#f00; }
A + B	毗邻元素选择器，匹配所有紧随 A 元素之后的同级元素 B	p + p { color:#f00; }

在组合选择器中，多元素选择器和后代选择器是使用比较广泛的，这里通过一个实例说明后代选择器的用法。假设在一个页面中有两张表，每张表有 2 行 3 列，需要为两张表的单元格设置不同的样式，使用后代选择器，会是更简洁的一种方式，代码如下。

```
<!DOCTYPE html>
<html>
<head lang="en">
    <meta charset="UTF-8">
    <title>后代选择器</title>
    <style>
        table {
            border: dashed 2px red;
        }
        #first-table td {
            width: 200px;
            height: 80px;
            font-size: 25px;
        }
        #second-table td {
            width: 180px;
            height: 100px;
            font-size: 20px;
            text-align: center;
            border: solid 1px black;
        }
    </style>
</head>
```

```
<body>
    <table id="first-table">
        <tr>
            <td>第一行第一列</td>
            <td>第一行第二列</td>
            <td>第一行第三列</td>
        </tr>
    </table>
    <table id="second-table">
        <tr>
            <td>第二行第一列</td>
            <td>第二行第二列</td>
            <td>第二行第三列</td>
        </tr>
    </table>
</body>
</html>
```

上述代码的运行效果如图 3-4 所示。

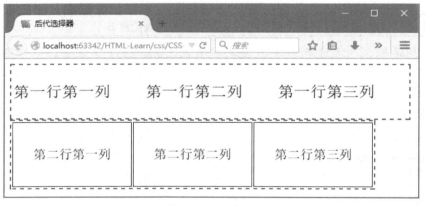

图 3-4   后代选择器

3.2.5   伪类选择器

伪类是指并不需要显式声明的类，而是页面自带的一些特别的类。开发人员可以针对任何元素来使用伪类，实现一些页面特效。伪类选择器如表 3-2 所示。

表 3-2   CSS 伪类选择器列表

选择器	含义
E:first-child	匹配元素 E 的第一个子元素
E:link	匹配所有未被单击的链接
E:visited	匹配所有已被单击的链接
E:active	匹配鼠标已经按下、还没有释放的 E 元素
E:hover	匹配鼠标悬停其上的 E 元素

续表

选择器	含义
E:focus	匹配获得当前焦点的 E 元素
E:lang(c)	匹配 lang 属性等于 c 的 E 元素
E:enabled	匹配表单中可用的元素
E:disabled	匹配表单中禁用的元素
E:checked	匹配表单中被选中的 radio 或 checkbox 元素
E::selection	匹配用户当前选中的元素
E:root	匹配文档的根元素，对于 HTML 文档，就是 HTML 元素
E:nth-child(n)	匹配其父元素的第 n 个子元素，第一个编号为 1
E:nth-last-child(n)	匹配其父元素的倒数第 n 个子元素，第一个编号为 1
E:nth-of-type(n)	与:nth-child()作用类似，但是仅匹配使用同种标签的元素
E:nth-last-of-type(n)	与:nth-last-child()作用类似，但是仅匹配使用同种标签的元素
E:last-child	匹配父元素的最后一个子元素，等同于:nth-last-child(1)
E:first-of-type	匹配父元素下使用同种标签的第一个子元素，等同于:nth-of-type(1)
E:last-of-type	匹配父元素下使用同种标签的最后一个子元素，等同于:nth-last-of-type(1)
E:only-child	匹配父元素下仅有的一个子元素，等同于:first-child:last-child 或 :nth-child(1):nth-last-child(1)
E:only-of-type	匹配父元素下使用同种标签的唯一一个子元素，等同于:first-of-type:last-of-type 或 :nth-of-type(1):nth-last-of-type(1)
E:empty	匹配一个不包含任何子元素的元素，文本节点也被看做子元素
E:not(selector)	匹配不符合当前选择器的任何元素

针对第 2 章中的在线计算器的按钮，若要实现鼠标悬停的特效，即当鼠标放置某个按钮上时，改变其单元格的背景色，可使用如下代码。

```
<style type="text/css">
   #button td {
      font-size: 32px;
      font-family: 微软雅黑;
      text-align: center;
   }
   #button td:hover {
      background-color: red;
   }
</style>
<!-- 代码略：将按钮部分表格的ID设置为button -->
```

上述代码中针对 ID 为 button 的表格中的单元格<td>设置了鼠标悬停效果，用以改变其背景色，运行效果如图 3-5 所示。

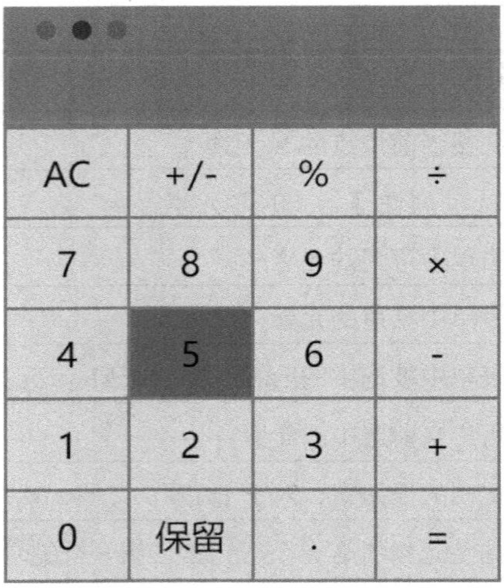

图 3-5 Hover 悬停特效

3.3 CSS 元素样式

3.3.1 文本与图像

在 HTML 中，显示文本的标签非常多，但是通常使用比较多的是\<p>\</p>和\\以及后面会讲到的\<div>\</div>，当然单元格也可以存放文本，还有其他一些专门针对文本样式的预定义标签，如\<h1>到\<h6>，\<i>，\<b>等。所有这些标签，都可以应用 CSS 样式。

例如如下代码中针对冲突的样式设置，对\<i>标签设置样式为字体大小 30px（像素），字体风格为正常字体（非斜体），由于\<i>标签本来就表示斜体，可以观察在 HTML 普通属性和 CSS 样式属性之间浏览器会做何选择。

```
<!DOCTYPE html>
<html>
<head lang="en">
    <meta charset="UTF-8">
    <title>文本样式</title>
</head>
<body>
    <i style="font-size:30px; font-style: normal;">你好，欢迎来到蜗牛学院学习！</i>
<i>这段文本仍然还是使用斜体显示，不会受上一行格式的影响。</i>
</body>
</html>
```

查看运行结果，浏览器放弃了\<i>标签的斜体，优先使用了 CSS 的属性 font-style: normal;（正常显示，非斜体）。此处使用的 CSS 选择器即 STYLE 属性选择器，对标签\<i>设置 style 属性，那么里面的值对应的就是 CSS 的属性值，而这些 CSS 属性值只针对当前这个标签\<i>有效，下一行的\<i>标签将不会受到任何影响。

另外，CSS 的属性和取值之间需要使用:（冒号）来进行分隔，而不是 HTML 标签属性的=（等号），这是要特别注意的一点。另外，CSS 的不同属性之间需要使用;（分号）来进行分隔，否则也会出现错误。

这些都是 CSS 样式表的基本规则，开发过程中必须要遵守。

现在就使用纯 CSS 样式来完成针对\<p\>或\<span\>标签的文本内容格式化，代码如下。

```html
<!DOCTYPE html>
<html>
<head lang="en">
    <meta charset="UTF-8">
    <title>文本样式</title>
</head>
<body>
    <i style="font-size: 30px; font-style: normal;">你好，欢迎来到蜗牛学院学习！</i> <br/>
    <i>这段文本仍然还是使用斜体显示，不会受上一行格式的影响。</i> <br/>

    <span style="font-size: 25px;">你好，欢迎来到蜗牛学院学习！</span> <br/>
    <span style="font-size: 20px; color: brown;">你好，欢迎来到蜗牛学院学习！</span> <br/>
    <span style="font-size: 16px; font-family: 微软雅黑;">你好，欢迎来到蜗牛学院学习！
    </span> <br/>

    <p style="font-weight: bold; font-style: italic;">你好，欢迎来到蜗牛学院学习！</p>
<img src="../image/woniufamily.png" style="width: 500px; border: solid 2px red; " />
</body>
</html>
```

上述属性中使用了如下 CSS 属性。

（1）font-size：设置文本的字体大小，单位为像素（px），也可以使用相对单位，后续章节中再介绍。

（2）font-style：文本风格，normal 表示正常显示，italic 表示斜体显示。

（3）font-family：文本的字体名称，需要使用系统存在的字体名称，且不能错误，如果字体输入错误，则会使用系统的默认字体。

（4）color：文本的颜色，使用颜色名或#RGB 值均可。

（5）font-weight：设置字体的重量，bold 表示加粗。

（6）width 或 height：设置元素的宽度和高度。

（7）border：设置元素的边框，这是一个组合属性，其实是由如下 3 个属性共同构成的。

① border-style: solid：表示边框为实线，当然，还有虚线 dashed 和点 dotted 等。

② border-width: 2px：边框的宽度。

③ border-color: red：边框的颜色。

（8）图像的 CSS 属性：width、height、vertical-align（垂直对齐）、border 等。

无论是文本还是图像，只要是牵涉到格式化方面的，都可以完全使用 CSS 来完成，可以更好地实现布局与格式的分离。上述代码由于使用 STYLE 属性在标签中内嵌 CSS 属性，所以在布局与格式分离方面效果相对没有那么明显。

事实上，每一个 CSS 属性都是由对应的英文单词构成的。虽然 CSS 属性非常多，但是也不用刻意去记忆，而是应该理解其用法，并且同时根据要实现的效果，以目标为导向来进行学习和积累，需要的时候再查具体的属性。

上述代码的实现效果如图 3-6 所示。

图 3-6 文本与图像样式

3.3.2 表格

上一节的实例代码中使用的是 STYLE 属性选择器来完成 CSS 属性的设置，本节将重点介绍 CLASS 和 ID 属性选择器的使用，同时，对在第 2 章实现的计算器布局进行重新设置，代码如下。

```html
<!DOCTYPE html>
<html>
<head lang="en">
    <meta charset="UTF-8">
    <title>在线计算器</title>
    <style type="text/css">

        /* 类型选择器: 设置所有单元格的共同CSS属性 */
        td {
            font-size: 40px;
            font-family: 微软雅黑;
            padding: 3px;        /* 设置单元格之间的间距为3像素 */
            text-align: center;
            word-break: break-all;  /* 设置允许将单词拆分换行 */
            word-wrap: break-word;   /* 在长单词或 URL 地址内部进行换行 */
        }

        /* CLASS属性选择器: 设置所有表格行的共同CSS属性 */
        .mytable {
            border: 0;
            margin: 0 auto;        /* 设置让表格相对body水平居中 */
            background-color: #999999;
```

```
            border-radius: 10px;    /* 设置表格的边框为圆角, 半径为10像素 */
        }

        /* ID选择器: 只针对此ID的元素有效 */
        #top {   width: 460px;   height: 100px;  }
        #bottom {   width: 460px;   height: 500px;  }

        /* 组合选择器: 选择在ID为bottom的元素下的tr元素 */
        #bottom tr {   background-color: #73abff;  }

        .mytable span {   font-size: 20px;  }

    </style>
</head>
<body>

    <table class="mytable" id="top">
        <tr >
            <td style="width: 100%; height: 30px;">
                <span style="color: red;">●</span>
                <span style="color: blue;">●</span>
                <span style="color: green;">●</span>
            </td>
        </tr>
        <tr style="background-color: #7fffd4;">
            <td style="width: 100%; height: 70px;"></td>
        </tr>
    </table>


    <table class="mytable" id="bottom">
        <tr>
            <td width="25%">AC</td>
            <td width="25%">+/-</td>
            <td width="25%">%</td>
            <td width="25%">÷</td>
        </tr>
        <tr>
            <td>7</td>
            <td>8</td>
            <td>9</td>
            <td>×</td>
        </tr>
        <tr>
            <td>4</td>
            <td>5</td>
            <td>6</td>
            <td>-</td>
        </tr>
        <tr>
```

```
        <td>1</td>
        <td>2</td>
        <td>3</td>
        <td>+</td>
     </tr>
     <tr>
        <td>0</td>
        <td>保留</td>
        <td>.</td>
        <td>=</td>
     </tr>
  </table>
</body>
</html>
```

上述代码综合利用了 HTML 传统属性、CSS 样式属性，并且运用了各种常见的 CSS 选择器，读者需体会其中的用法。同时，上述属性包含了两个非常重要的属性，即 margin 和 padding，简单介绍如下，本书将在盒模型部分详细介绍。

（1）margin：设置当前容器与父容器的外边距，类似于表格的 cellspacing，即当前容器的外部四周与其父容器的距离。在浏览器中，body 是最大的父容器，上述代码设置为 margin: 0 auto，表示上下边距为 0，左右边距为自动，即实现水平居中的功能。

（2）padding：设置当前容器与位于其中的内容的内部间距。类似于表格的属性 cellpadding。

通过上述代码的学习和实践，读者可以对 CSS 属性的使用方式有了比较全面的理解。

3.3.3 超链接

超链接默认情况下会有下划线，且颜色不可更改。在默认情况下，超链接分别对应 4 种不同的情况，分别为显示超链接、鼠标划过、鼠标单击、访问过后，并分别对应不同的颜色，无法统一表示，这会影响网页的整体观感，如图 3-7 所示。

图 3-7　超链接的默认样式

在这种情况下，需要对超链接进行格式化，CSS 中对超链接定义了下述 4 个伪类，分别应对超链接的 4 种情况。

（1）a:link：超链接的默认显式样式。

（2）a:hover：鼠标悬停时的样式。

（3）a:active：鼠标单击下去不释放时的样式

（4）a:visited：超链接被访问后的样式

通常情况下，用户能够明显感知正常显示和鼠标悬停两种情况，所以通常会将这 4 个伪类组合为两种格式，即 a:link 和 a: visited 为相同的格式，a:hover 和 a:active 为相同的格式，对超链接进行格式化的代码如下。

```
a:link,a:visited {
   color: white;
   text-decoration: none;    /* 无下划线 */
```

```
}

a:hover,a:active {
    color: #fff8cc;
    text-decoration: underline;     /* 显示下划线 */
}
```

如果对官网页面的头部使用了上述格式后，看到的样式将变成图 3-8 所示。

蜗牛学院
Java开发
在线课堂
软件测试
学员作品
原创博客

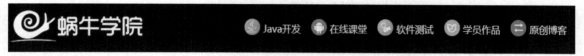

图 3-8　使用超链接伪类后的样式

如果需要在同一个页面中针对不同的元素使用不同的超链接样式，可以在 4 个超链接伪类的前面加上 Class 或 ID 选择器。

```
#id a:link, #id a:visited {
    color: white;
    text-decoration: none;    /* 无下划线 */
}

#id a:hover, #id a:active {
    color: #fff8cc;
    text-decoration: underline;     /* 显示下划线 */
}
```

3.3.4　列表

正常情况下看到的列表如图 3-9 所示。

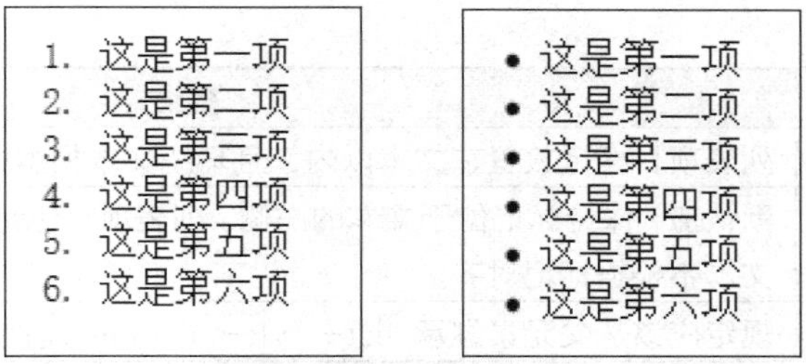

1. 这是第一项
2. 这是第二项
3. 这是第三项
4. 这是第四项
5. 这是第五项
6. 这是第六项
这是第一项
这是第二项
这是第三项
这是第四项
这是第五项
这是第六项

图 3-9　正常的列表项

如果想让列表项显示为不同的格式，可以使用如下一些 CSS 属性。

1. 针对 ol 或 ul

（1）list-style 组合属性，包括如下属性。

① list-style-type：设置列表项标记的类型，可能的取值如表 3-3 所示。

表 3-3　列表项标记类型

值	描述
none	无标记
disc	默认，标记是实心圆

续表

值	描述
circle	标记是空心圆
square	标记是实心方块
decimal	标记是数字
decimal-leading-zero	0 开头的数字标记（01、02、03 等）
lower-roman	小写罗马数字（i、ii、iii、iv、v 等）
upper-roman	大写罗马数字（I、II、III、IV、V 等）
lower-alpha	小写英文字母 The marker is lower-alpha（a、b、c、d、e 等）
upper-alpha	大写英文字母 The marker is upper-alpha（A、B、C、D、E 等）
lower-greek	小写希腊字母（alpha、beta、gamma 等）
lower-latin	小写拉丁字母（a、b、c、d、e 等）
upper-latin	大写拉丁字母（A、B、C、D、E 等）
hebrew	传统的希伯来编号方式
armenian	传统的亚美尼亚编号方式
georgian	传统的乔治亚编号方式（an、ban、gan 等）
cjk-ideographic	简单的表意数字
hiragana	标记是 a、i、u、e、o、ka、ki 等（日文片假名）
katakana	标记是 A、I、U、E、O、KA、KI 等（日文片假名）
hiragana-iroha	标记是 i、ro、ha、ni、ho、he、to 等（日文片假名）
katakana-iroha	标记是 I、RO、HA、NI、HO、HE、TO 等（日文片假名）

② ist-style-position：设置在何处放置列表项标记，可能的取值如表 3-4 所示。

表 3-4　列表项位置

值	描述
inside	列表项目标记放置在文本以内，且环绕文本根据标记对齐
outside	默认值，保持标记位于文本的左侧。列表项目标记放置在文本以外，且环绕文本不根据标记对齐
inherit	规定应该从父元素继承 list-style-position 属性的值

③ list-style-image：把图像设置为列表中的项目标记，其值必须为 URL 函数：url("图像地址.jpg")；这种格式。

（2）其他通用属性，如 width、height、border、margin 和 padding 等均适用。

2. 针对 li

（1）float：设置列表项的浮动样式，如果为 left，列表项就会从纵向变成横向排列。

（2）margin：设置列表项与 ol 或 ul 父标签的外边距，可以为负数。

（3）其他通用属性，如 width、height、font-size、font-family 和 color 等均适用。

3.3.5　表单

表单元素是网页中比较常见的元素，特别是用于与用户进行数据交互时尤其如此。

对于表单元素来说，通常会使用到如下一些属性。

（1）font 系列设置：字体样式。

（2）width 和 height 系列：设置大小。

（3）background-color：设置背景色。

（4）background：设置背景图片，与之相关的属性如表 3-5 所示。

表 3-5　背景图片相关 CSS 属性

值	描述
background-color	规定要使用的背景颜色
background-position	规定背景图片的位置
background-size	规定背景图片的尺寸
background-repeat	规定如何重复背景图片
background-origin	规定背景图片的定位区域
background-clip	规定背景的绘制区域
background-attachment	规定背景图像是否固定或者随着页面其余部分滚动
background-image	规定要使用的背景图像
inherit	规定应该从父元素继承 background 属性的设置

（5）margin 和 padding 等：用于设置相对位置。

（6）border 等：用于设置边框的样式。

（7）text-align 等：用于设置内部内容的对齐方式。

此处不再一一阐述，由于都是通用属性，本节将不做专门举例。

第4章

盒模型

本章导读：

■ 在 Web 页面中，进行页面布局的方式主要有两种，一种是表格，一种是 DIV 层（也叫盒子）。这两者有着很多相似的特性，比如说它们都是一种容器，本身是无法展现内容的，但是可以用于存放所有其他元素。

■ 本章主要介绍 Web 页面的盒模型知识、如何利用盒模型完成更灵活的页面布局以及盒模型的关键特性及布局策略。同时，通过本章的学习，读者将能够更加深入地理解 CSS 的关键属性和作用。

学习目标：

（1）盒模型基本用法。
（2）盒模型的绝对定位与相对定位。
（3）盒模型的嵌套与应用。
（4）CSS如何与盒模型配合使用。
（5）CSS如何处理容器属性。
（6）盒模型特殊属性的使用。

4.1 盒模型基础知识

V4-1 盒模型基础

4.1.1 盒模型简介

盒模型（也可称为盒子模型）是 CSS 中一个重要的概念，理解了盒模型，才能更好地排版。盒模型具有外边距（margin，与其他盒子之间的距离）、边框（border）、内间距（padding，盒子边框与内容之间的填充距离）、内容（content）4 个属性。每个属性都包括：上下左右 4 个部分，这 4 部分可同时设置，也可分别设置。内间距可以理解为盒子里装的东西和边框的距离，而边框有厚薄和颜色之分，内容就是盒子中间装的东西，外边距就是边框外面自动留出的一段空白。

（1）内容（content）就是盒子里装的东西，可多可少，可以是任意类型。

（2）填充（padding）就是怕盒子里装的东西损坏而添加的泡沫或者其他抗震的辅料。

（3）边框（border）就是盒子本身，边框是有厚有薄的，也可以有不同色彩。

（4）至于边界（margin）说明盒子摆放的时候的不能全部堆在一起，要留一定空隙保持通风，同时也可以方便取出。

在网页设计上，内容常指文字、图片等元素，但是也可以是小盒子（DIV 嵌套），与现实生活中的盒子不同的是，CSS 盒子具有弹性，里面的东西大过盒子本身可以随之被撑大，但它不会损坏。标准的盒模型如图 4-1 所示。

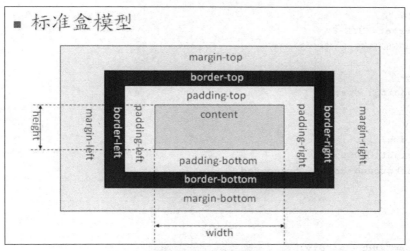

图 4-1　标准盒模型

4.1.2 盒模型属性

利用 margin、padding 和 border 三个属性（它们都是组合属性），可以有以下几种方式为盒模型设置上下左右的距离和宽度。

1. 使用组合属性

（1）margin：10px、20px、15px、25px；对应的顺序为上边距、右边距、下边距、左边距，对应的顺序为上右下左，即顺时针方向。如果记不住这个组合属性的顺序，也可以使用单独属性。

（2）padding：10px、20px、15px、25px；对应的顺序为上间距、右间距、下间距、左间距。

（3）border-width：10px、20px、15px、25px;，顺序与上述顺序相同。

（4）margin：0px auto；表示上下边距为 0px，左右边距为自动，即水平居中。其他两个属性一样，padding 和 border 也有同样的设置。

（5）margin：100px；即上下左右的边距均为 100px。其他两个属性设置方式一样。

2．使用单独属性

（1）margin-top, margin-right, margin-bottom, margin-left。

（2）padding-top, padding-right, padding-bottom, padding-left。

（3）border-top, border-right, border-bottom, border-left。

（4）关于 border 边框，如果只设置其宽度，是不会有任何效果的，还需要为其设置边框的类型和颜色。

另外特别说明一点，如果在对同一个元素进行 CSS 属性设置时，按照 CSS 的属性顺序，后一个属性的值将覆盖前一个属性的值；同时，针对相同属性，STYLE 属性设置的样式将覆盖在页面 head 头部设置的值。

此处需要注意的是，body 标签本身也是一个盒子，而且是浏览器中最顶层的大盒子，所以所有盒模型相关的属性也同样适用于 body 标签。但是由于 body 是最顶层的，它并没有同级的盒子，更不会有父容器，所以 body 标签的 margin 属性与 padding 属性类似，都只能针对 body 的内容进行间距的设置。例如如下代码。

```html
<!DOCTYPE html>
<html>
<head lang="en">
    <meta charset="UTF-8">
    <title>Body的Margin属性</title>
    <style>
        body {
            padding: 0px;
        }
        .mydiv {
            width: 100%;
            height: 300px;
            background-color: orangered;
        }
    </style>
</head>
<body>
    <div class="mydiv"></div>
</body>
</html>
```

上述代码为一个 DIV 盒子设置了宽度和高度以及背景色，但是盒子与浏览器窗口之间默认是有一定距离的，大约为 10 个像素，为了页面布局，可能需取消这 10 个像素的，按正常情况是设置 body 的 padding 属性值为 0，但是这样的设置是解决不了这个像素的间距的，如图 4-2 所示。

如何取消这 10 个像素的间距呢，通过设置 body 的 margin 属性为 0 即可，这是一种特殊情况，需要特别注意。

4.1.3 盒模型基础使用

关于 DIV 盒模型在布局方面的优势，可以以下几个方面来考虑：一是这样的布局更加容易使元素与格式实现分享；二是更加灵活可控，特别是面对多屏（指电脑、平板、手机三屏）进行响应式布局时，将更加可控。

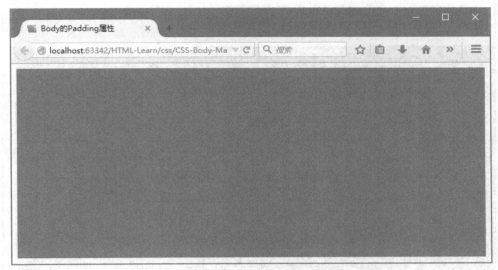

图 4-2　body 的 padding 属性设置

下面通过如下代码理解如何利用 CSS 属性操作 DIV 盒子实现基础布局。

```html
<!DOCTYPE html>
<html>
<head lang="en">
    <meta charset="UTF-8">
    <title>盒模型基础</title>
    <style>
        body {
            padding: 0;
            margin: 0;
            background-image: url("../image/black-star.jpg");
        }
        div {
            width: 400px;              /* DIV必须明确设置高度与宽度 */
            height: 200px;
            margin: 40px auto;         /* 上下外边距50px，左右水平居中 */
                padding: 30px;         /* 边框距离内容上下间距为40px */
            border: solid 5px #ff7448;
            color: #ffffff;            /* 内容字体颜色为白色 */
            font-size: 30px;
            text-align: center;        /* 让内容水平居中 */
            line-height: 200px;        /* 设置行高与高度相同，模拟垂直居中 */
        }
    </style>
</head>
<body>
    <div>你好，欢迎来到蜗牛学院学习！</div>
</body>
</html>
```

运行上述代码，在浏览器中看到的效果如图 4-3 所示。

图 4-3　盒模型基础

可以看到，整个 DIV 水平居中，与浏览器的边距为上下 40 个像素，同时边框为 5 像素。另外，由于使用了 padding 属性设置内间距，所以会导致整个 DIV 被撑高，整个 DIV 的实际高度为 200px +上下内间距 30px*2+边框 5px*2 = 270px，读者可以自己做实验验证一下。

以上实例只是起一个抛砖引玉的作用，让读者感受一下使用 DIV 进行页面布局的基本特征。后续章节将详细讨论关于盒模型的实现细节。

V4-2　盒模型浮动

4.2　盒模型浮动

4.2.1　浮动的作用

默认情况下，DIV 盒子是一个行级元素，什么是行级元素呢？就是这个元素默认是独占一行的，不会与其他元素在同一行里。这个特点类似于<p>的段落元素，<p>只是一个修饰文字或图片内容的普通标签而已，并不会用于布局，所以不是问题，但是对 DIV 来说，就不是这么回事了。基于 4.1 节的代码，再为其添加一个 DIV，代码如下。

```
<body>
    <div>欢迎来到蜗牛学院学习（一）</div>
    <div>欢迎来到蜗牛学院学习（二）</div>
</body>
```

运行该代码，效果如图 4-4 所示。

在网页上的同一行使用多个 DIV 是一种非常常见的情况，就像使用表格布局的时候需要在同一行内有多个列一样，通过使用 DIV 的浮动属性设置，就可以解决这一问题。

只需要设置 DIV 的 float 属性为左浮动或右浮动，DIV 就不会独占一行，而是根据页面宽度，根据 DIV 的宽度自动适配。

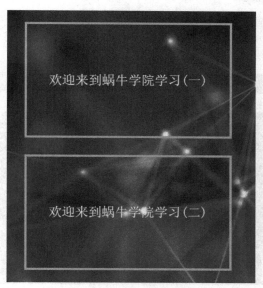

图 4-4　DIV 独占一行

4.2.2　盒模型左浮动

就像使用 float:left 设置列表项的横向排列一样，也可以对 DIV 设置同样的属性，例如如下代码。

```
<!DOCTYPE html>
<html>
<head lang="en">
    <meta charset="UTF-8">
    <title>盒模型基础</title>
    <style>
        body {
            margin: 0px;
            background-image: url("../image/black-star.jpg");
        }
        div {
            width: 400px;
            height: 200px;
            margin: 40px auto;
            padding: 30px;
            border: solid 5px #ff7448;
            color: #ffffff;
            font-size: 30px;
            text-align: center;
            line-height: 200px;
            float: left;            /* 设置DIV向左浮动 */
        }
    </style>
</head>
<body>
    <div>欢迎来到蜗牛学院学习 (一)</div>
    <div>欢迎来到蜗牛学院学习 (二)</div>
```

```
</body>
</html>
```

运行结果如图 4-5 所示。

图 4-5　盒模型的左浮动

可以看到，浏览器中两个 DIV 并排到了同一行内。由于设置了 DIV 为可浮动，也就意味着 DIV 是不固定的，如果浏览器宽度够容纳两个 DIV，则会并排显示，甚至 3 个或 4 个都不是问题。但是如果将浏览器的宽度调窄，窄到其宽度小于两个 DIV 的总宽度，DIV 也会变成在两行上显示，这就是所谓浮动的效果。

4.2.3　盒模型右浮动

当然，浮动其实也意味着容器的对齐方式，float: left 表示容器靠左对齐；设置为 float: right，浏览器在渲染的时候会优先将第一个出现的 DIV 往浏览器的右侧靠，第二个出现的 DIV 则会继续往右紧挨着第一个 DIV，这个时候就会出现一个特别的现象，就是在 HTML 中出现的第一个 DIV 反而会给人的感觉是在第二个位置才出现。基于 4.2.2 小节的例子，修改 float 属性为 right，代码如下。

```
<!DOCTYPE html>
<html>
<head lang="en">
    <meta charset="UTF-8">
    <title>盒模型基础</title>
    <style>
        body {
            margin: 0px;
            background-image: url("../image/black-star.jpg");
        }
        div {
            width: 400px;
            height: 200px;
            margin: 40px auto;
            padding: 30px;
            border: solid 5px #ff7448;
            color: #ffffff;
            font-size: 30px;
            text-align: center;
            line-height: 200px;
```

```
            float: right;            /* 设置DIV向右浮动 */
        }
    </style>
</head>
<body>
    <div>欢迎来到蜗牛学院学习（一）</div>
    <div>欢迎来到蜗牛学院学习（二）</div>
</body>
</html>
```

运行效果如图 4-6 所示。

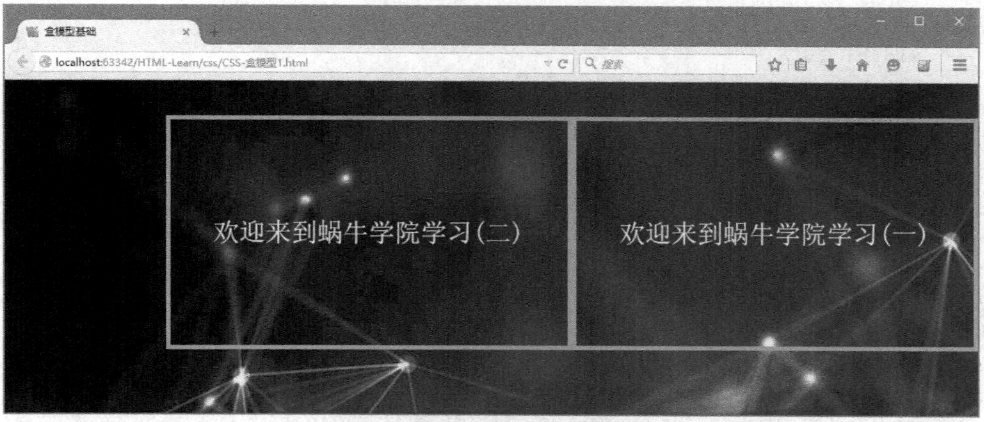

图 4-6　盒模型的右浮动

通常人们的阅读习惯是从左到右，从上到下，所以如果设置 float 属性为 right，需要将 DIV 的顺序进行调整，即决定哪一个 DIV 先出现在 HTML 页面中，所以在上述示例中，如果要让（一）位于左边，需要将其 body 部分的代码内容修改如下。

```
<body>
    <div>欢迎来到蜗牛学院学习（二）</div>
    <div>欢迎来到蜗牛学院学习（一）</div>
</body>
```

4.2.4　禁止浮动

既然可以设计浮动，也可以禁止浮动。当然，DIV 的默认情况下就是禁止浮动的，默认设置为 float:none。

大部分情况下并不需要刻意设置禁止浮动，由于 CSS 属性是可以传递，也可以继承的，所以如果某个低层的 DIV 继承会传递了更高层的属性，而自己又要特别处理，就需要手工进行属性设置，用以覆盖高层次的属性。

4.3　盒模型内容

4.3.1　宽度与高度

V4-3　盒模型内容

本节内容主要讨论的是关于宽度和高度都设置为 100%的情况，为一个 DIV 容器设置其宽度为 100%，这样宽度就会随着浏览器的宽度调整进行自动适应，同时通过设置 text-align:center 可完成普通内容的水平居中。

如果为 DIV 容器设置高度，DIV 的实际高度是否会随着浏览器的高度变化而自适应变化呢？例如如下代码。

```html
<!DOCTYPE html>
<html>
<head lang="en">
    <meta charset="UTF-8">
    <title>DIV的高度</title>
    <style>
        div {
            width: 100%;
            height: 100%;
            border: solid 2px red;
            }
    </style>
</head>
<body>
    <div></div>
</body>
</html>
```

运行效果如图 4-7 所示。

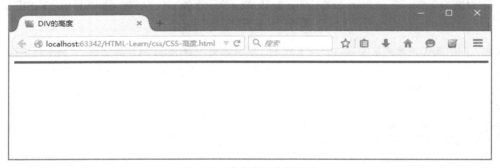

图 4-7　高度自适应的效果

可以看到，页面的宽度是自适应整个浏览器的宽度的，但是高度却并没有自适应整个浏览器的高度，只能看到一条线，这条线是因为为 DIV 设置了边框而已。如果 DIV 中有内容，高度会自适应内容的高度。

所以，高度是无法通过设置百分比来进行自适应的。若要知道是什么原因导致了这种情况，需要先理解浏览器是如何计算高度和宽度的。Web 浏览器在计算有效宽度时会考虑浏览器窗口的打开宽度，如果不给宽度设定任何默认值，浏览器会自动将页面内容平铺填满整个横向宽度。但是高度的计算方式完全不一样。事实上，浏览器根本就不计算内容的高度，除非内容超出了视窗范围（导致滚动条出现），或者给整个页面设置一个绝对高度。否则，浏览器就会简单地让内容往下堆砌，页面的高度根本就无须考虑。因为通常情况下，内容都是垂直排列的，而不是水平排列，一般浏览网页是都是使用垂直滚动条，而且鼠标滚轮设计就是为了垂直而非水平滚动条。

因为页面并没有默认的高度值，所以，当让一个元素的高度设定为百分比高度时，无法根据获取父元素的高度，也就无法计算自己的高度。换句话说，父元素的高度只是一个默认值 height: auto;，当要求浏览器根据这样一个默认值来计算百分比高度时，只能得到 undefined 的结果，也就是一个 null 值，浏览器不会对这个值有任何的反应。

那么，如果想让一个元素的百分比高度 height: 100%; 起作用，则需要给这个元素的所有父元素的高度设定一个有效值，例如如下代码。

```html
<!DOCTYPE html>
<html>
<head lang="en">
    <meta charset="UTF-8">
    <title>DIV的高度</title>
    <style>
        body,html {   /*为DIV的父窗口body和html都设置高度值 */
            height: 95%;
        }
        div {
            width: 100%;
            height: 100%;
            border: solid 2px red;
        }
    </style>
</head>
<body>
    <div></div>
</body>
</html>
```

运行的效果如图 4-8 所示。

图 4-8　高度设为 100% 的情况

效果得以实现，这里 body 和 html 的高度设置为 95%，是因为如果设置为 100%，由于 body 的 margin 和 padding 的影响，会出现滚动条，用户无法看到 DIV 的边框的全貌，仅此而已。

4.3.2　水平居中

在 DIV 容器中可以放置任意内容，比如一段文本、一张图片、一个表格，甚至另一个子容器 DIV 等。那么对于内容的水平居中问题，有必要细致地了解。使用属性 text-align:center 可以设置容器中的内容（包括表格）水平居中，这样的属性针对普通内容，比如文本或图片都是生效的，但是如果容器中放置的子元素仍然还是一个容器，那么单纯地设置 text-align: center 是不会生效的，text-align: left 或 rigth 亦然。

　　另外，如果同一行上有两个或以上的 DIV，如果设置了其浮动属性，设置 margin：0 auto 让其相对于父容器水平居中则会失效。如果也需要水平居中对齐，就需要在两个 DIV 的外面再套一个更大的 DIV 容器，让外面的 DIV 容器实现水平居中即可。代码如下，此处我们为了演示方便，简化了 DIV 属性。

```html
<!DOCTYPE html>
<html>
<head lang="en">
    <meta charset="UTF-8">
    <title>盒模型基础</title>
    <style>
        /*ID属性在同一页面中不允许重复，而Class属性可以*/
        #outer {
            width: 620px;
            height: 210px;
            border: solid 5px #565aff;
            margin: 0 auto;
        }
        .inner {
            width: 300px;
            height: 200px;
            border: solid 5px #ff7448;
            float: left;
        }
    </style>
</head>
<body>
    <div id="outer">
        <div class="inner"></div>
        <div class="inner"></div>
    </div>
</body>
</html>
```

运行效果如图 4-9 所示。

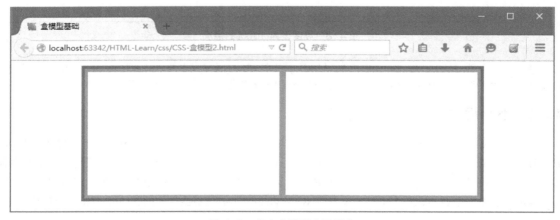

图 4-9　多个盒模型水平居中

这样解决了水平居中的问题，也了解了 DIV 之间的嵌套用法。DIV 容器可以一直嵌套下去，但是通常不建议层次太深，以免代码的后期维护会变得太麻烦。

现在，可以尝试利用盒模型和 CSS 知识在网页中完成四宫格和九宫格的布局，读者不妨自己试试。

4.3.3 垂直居中

前面的实战案例中，表格中的内容默认都是垂直居中的，通常情况下，很多排版布局都希望让内容垂直居中，因为这样更加美观协调。

本节要讨论的是 DIV 盒子的垂直居中问题，为了模拟垂直居中，可以设置 line-height 属性来拉升每一行内容的高度，这样可以间接实现内容的垂直居中，例如如下代码。

```html
<!DOCTYPE html>
<html>
<head lang="en">
    <meta charset="UTF-8">
    <title>垂直居中</title>
    <style>
        div {
            width: 100%;
            height: 200px;
            background-color: aquamarine;
            line-height: 200px;
            text-align: center;
        }
    </style>
</head>
<body>
    <div>欢迎学习DIV垂直居中的知识。</div>
</body>
</html>
```

代码运行效果如图 4-10 所示，的确实现了垂直居中的效果。

图 4-10　单行内容的垂直居中

这里通过设置 line-height 实现了内容的垂直居中，line-height 就是一行内容的高度，如果内容有两行，如果每一行的高度都是 200 像素，这样就是 400 像素的高度，不妨试着用同样的样式，为 DIV 的内容再添加一行内容，代码如下。

```
<body>
    <div>
        欢迎学习DIV垂直居中的知识。<br/>
        欢迎学习DIV垂直居中的知识。
    </div>
</body>
```

运行效果如图 4-11 所示。

图 4-11　DIV 中的两行内容

由于设置了内容的行高，所以导致两行内容超出了 DIV 的范围，并不是想要的效果，那么有什么方法让两行或多行内容能够垂直居中呢？表格中的单元格默认就是垂直居中的，所以设计者们考虑到了这样一种场景，很体贴地设计了利用 DIV 来模拟一个单元格的属性 display：table-cell。例如如下代码。

```
<!DOCTYPE html>
<html>
<head lang="en">
    <meta charset="UTF-8">
    <title>垂直居中</title>
    <style>
        div {
            min-width: 600px;
            width: 100%;
            height: 200px;
            background-color: aquamarine;
            text-align: center;
            display: table-cell;          /* 让DIV模拟单元格的特征 */
            vertical-align: middle;        /* 设置内容垂直居中 */
        }
    </style>
</head>
<body>
    <div>
        欢迎学习DIV垂直居中的知识。<br/>欢迎学习DIV垂直居中的知识。
```

```
        </div>
    </body>
</html>
```

运行效果如图 4-12 所示。

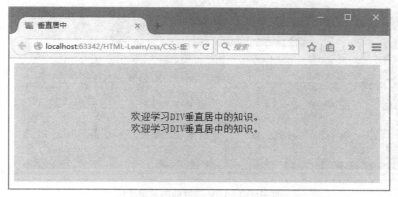

图 4-12　DIV 模拟单元格实现垂直居中

当对 DIV 设置 display 属性模拟单元格并利用 vertical-align 实现内容垂直居中后，针对 DIV 单纯设置宽度为 100% 将会失效，所以在此利用了 CSS 的另外一个属性 min-width：600px 表示单元格的最小宽度。如果浏览器的宽度低于该宽度，将会出现滚动条，而不是像设置 100% 那样自适应。自适应固然是好，但是并不利于排版布局，所以使用的时候也需要注意这一点。

4.3.4　内容溢出

DIV 需要设置高度与宽度，但是，如果不设置 DIV 的高度与宽度，又会发生什么情况呢？如果我们不设置 DIV 的高度与宽度，也不设置 DIV 的边框，DIV 中也没有内容，那么在页面上将什么也看不见。所以这也是为什么需要手工设置这些属性，以便于在页面上更直观地观察 DIV 的变化。

现在，我们先来完成这样一个实验，我们不为 DIV 设置高度与宽度，只设置边框，同时在 DIV 中放置一张图片，代码如下。

```html
<!DOCTYPE html>
<html>
<head lang="en">
    <meta charset="UTF-8">
    <title>盒模型嵌套</title>
    <style>
        .outer {
            border: solid 5px orangered;
        }
    </style>
</head>
<body>
    <div class="outer">
        <img src="../image/woniufamily.png" width="500px" />
    </div>
</body>
</html>
```

运行结果如图 4-13 所示。

图 4-13　DIV 高度随内容自适应

从运行结果可以看出，DIV 的默认的宽度为 100%，高度为随内容的高度自动增加。但是在真实的页面布局中，高度自动增加有可能会打乱整个页面的布局，此时可能希望为 DIV 手工设置高度。但是这样也可能导致 DIV 的内容超出了其 DIV 设置的高度，例如如下代码。

```html
<!DOCTYPE html>
<html>
<head lang="en">
    <meta charset="UTF-8">
    <title>盒模型嵌套</title>
    <style>
        .outer {
            border: solid 5px orangered;
            height: 200px;          /* 仅增加了此高度属性 */
        }
    </style>
</head>
<body>
    <div class="outer">
        <img src="../image/woniufamily.png" height="300px" />
    </div>
</body>
</html>
```

运行结果如图 4-14 所示。

由于图片的高度为 300px，而 DIV 的高度设置为 200px，所以图像超出了 DIV 的高度，直接露了出来。面对这种情况，可以使用 overflow 属性来对其进行处理，修改上述代码的 CSS 属性如下。

```css
<style>
    .outer {
        border: solid 5px orangered;
        height: 200px;
        overflow: hidden;          /* 设置超出部分内容自动隐藏 */
    }
</style>
```

图 4-14　内容溢出

此时的运行结果如图 4-15 所示。

图 4-15　超出的内容部分实现隐藏

当然，我们也可以设置 overflow：scroll，则如果有超出部分，就会自动在 DIV 中加上滚动条，如图 4-16 所示。

图 4-16　设置内容滚动

4.4 盒模型嵌套

V4-4 盒模型嵌套

4.4.1 嵌套的作用

盒子与盒子之间、表格与盒子之间、容器与容器之间的嵌套在页面布局中是非常常见的。为了实现相对复杂的排版，必然要用到嵌套。

有嵌套，就有父子关系，就有包含与被包含关系，开发人员非常有必要理清这其中的关系，以便于更加灵活地处理排版布局。

4.4.2 嵌套的排版

什么叫盒模型嵌套？简单来说就是 DIV 中嵌套 DIV，所有属性都可以正常使用。但是在相互嵌套中，设置 margin 和 padding 属性时容易出现问题，例如如下两个 DIV 嵌套的 HTML 源代码。

```html
<html>
<head lang="en">
    <meta charset="UTF-8">
    <title>盒模型嵌套</title>
    <style>
        .outer {
            width:600px;
            height: 300px;
            background-color: #ff7448;
            margin: auto;
        }
        .inner {
            width:400px;
            height: 200px;
            background-color: #7eb0ff;
            text-align: center;
            vertical-align: middle;
            line-height: 200px;
            margin: auto;
        }
    </style>
</head>
<body>
    <div class="outer">
        <div class="inner">欢迎来到蜗牛学院学习！</div>
    </div>
</body>
</html>
```

运行结果如图 4-17 所示。

可以很清楚地看到，所有 CSS 属性都如预期一样生效，外层 DIV 水平居中，内层 DIV 相对于外层也是水平居中，内层 DIV 的内容水平且垂直居中，然后，对外层 DIV 设置 vertical-align 和 line-height，让内层 DIV 垂直居中，但是这两个属性并没有对内层 DIV 的位置有任何改变。因为 vertical-align 和 line-height 的设置只针对 DIV 中的内容有效，而对容器无效。当然，如果把 DIV 设置为单元格模式，则另当别论，但这不是本节内容讨论的重点。

图 4-17　盒模型嵌套

　　接下来考虑另外的解决方案，对内层 DIV 设置 margin 属性为 50px auto，相当于距离外层 DIV 上下边距为 50px，左右为水平居中，最终运行结果如图 4-18 所示。

图 4-18　父容器随子容器一起实现 Margin 属性

　　可以发现，并没有达到预期效果，结果是整个内层和外层 DIV 一起实现了上下边距 50px，而内层 DIV 相对于外层 DIV 的位置没有任何变化。接着再测试对外层 DIV 设置 padding-top 属性，发现同样无效。

　　当然，这是浏览器渲染的规则定义问题，究竟如何实现内层 DIV 垂直居中呢？其实方案有两个，一个是设置完内层 DIV 的 margin 为上下 50px 后，再为外层 DIV 设置至少一个像素的边框，内外层 DIV 的属性如下。

```
<style>
    .outer {
```

```
        width:600px;
        height: 300px;
        background-color: #ff7448;
        margin: auto;
        border: solid 1px black;
    }
    .inner {
        width:400px;
        height: 200px;
        background-color: #7eb0ff;
        text-align: center;
        vertical-align: middle;
        line-height: 200px;
        margin: 50px auto;
    }
</style>
```

此时，运行效果如图 4-19 所示。

图 4-19　实现内层 DIV 垂直居中于外层

现在正确实现了内层 DIV 垂直居中的问题。解决这个问题还有另一种方法，就是设置外层 overflow: hidden;，内层属性保持不变。

V4-5　盒模型
定位-1

4.5 盒模型定位

4.5.1 定位简介

在盒模型中，可以设置 DIV 为行级元素，或设置为浮动效果，让其按照文档流顺序进行排列。但是有时候可能需要一些特殊需要，让 DIV 一直固定于页面某个地方。比如蜗牛学院官网页面上有三个地方是一直保持固定的，并不会随着滚动条的滚动而消失，如图 4-20 所示，三个用红色矩形标记的部分便是固定在页面上的，并不会像其他内容一样，随着滚动条的移动而移动。

图 4-20　绝对定位的效果

　　这里使用 CSS 的 position 属性来对 DIV 重新设置其位置。position 有 5 个取值，如表 4-1 所示。

表 4-1　position 属性的取值解释

值	描述
fixed	生成固定定位的元素，相对于浏览器窗口 body 进行定位。元素的位置通过"left"、"top"、"right"以及"bottom"属性进行规定
absolute	生成绝对定位的元素，相对于 static 定位以外的第一个父元素进行定位。元素的位置通过"left"、"top"、"right"以及"bottom"属性进行规定
relative	生成相对定位的元素，相对于其正常位置进行定位。因此，"left:20"会向元素的 LEFT 位置添加 20px
static	默认值。没有定位，元素出现在正常的文档流中（忽略 top、bottom、left、right 或者 z-index 声明）
inherit	规定应该从父元素继承 position 属性的值。当然，前提是父元素必须有 position 的属性值设置。通常不建议使用继承

　　对于上述几个属性将通过实验来帮助读者更好地理解它们。

4.5.2　固定定位

　　相对比较容易理解的属性值为 fixed，可以实现相对于浏览器窗口的固定定位。如果将某个 DIV 设置为固定定位，那么该 DIV 将脱离原始的浮动文档流，变成只相对于浏览器窗口进行定位，而不管该 DIV 以前所在的位置。

　　这里设置一个 DIV 容器，并设置相对于浏览器窗口的固定定位，距离浏览器的左边 100px，距离浏览器的顶部 50px，代码如下。

```
<!DOCTYPE html>
<html>
<head lang="en">
    <meta charset="UTF-8">
```

```
    <title>fixed固定定位</title>
    <style>
        div {
            width: 400px;
            height: 200px;
            background-color: #ff7448;
            position: fixed;       /* 设置该DIV为固定定位 */
            left: 100px;            /* left: 距离浏览器左边100像素 */
            top: 50px;              /* top: 距离浏览器顶部50像素 */
        }
    </style>
</head>
<body>
    <div></div>
</body>
</html>
```

运行效果如图 4-21 所示。

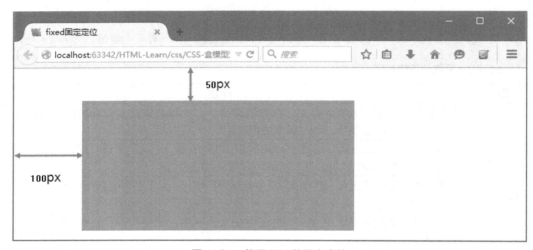

图 4-21　普通 DIV 的固定定位

初步看来，该设置与使用 margin-top 和 margin-left 设置没有什么区别，但是实际上两者是完全不一样的，继续更进一步使用 float: left 属性设置 4 个 DIV 并排，代码如下。

```
<!DOCTYPE html>
<html>
<head lang="en">
    <meta charset="UTF-8">
    <title>fixed固定定位</title>
    <style>
        div {
            width: 200px;
            height: 200px;
            background-color: #ff7448;
            margin: 5px;
            float: left;
            font-size: 30px;
```

```
            text-align: center;
            line-height: 200px;
        }
    </style>
</head>
<body>
    <div>1</div>
    <div>2</div>
    <div>3</div>
    <div>4</div>
</body>
</html>
```

上述代码运行效果如图 4-22 所示。

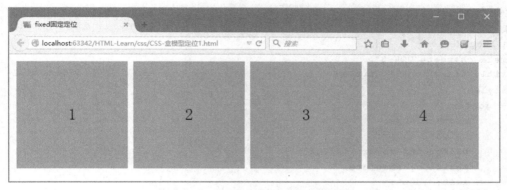

图 4-22　并排 4 个 DIV，并设置编号

基于上述代码进行微调，将第一个 DIV 单独设置其为固定定位，且不设置任何偏移量，代码只对第一个 DIV 添加 style 属性并设置其 position：fixed，不做其他任何修改，代码修改部分如下。

```
<body>
    <div style="position: fixed">1</div>
    <div>2</div>
    <div>3</div>
    <div>4</div>
</body>
```

运行效果如图 4-23 所示。

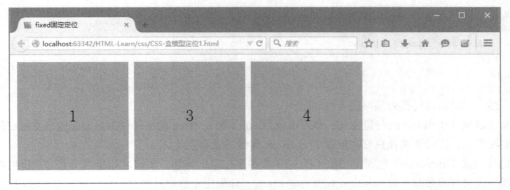

图 4-23　设置固定定位后被拖离文档流

此时可以看到，编号为 1 的 DIV 从文档流中被脱离出来，而编号为 2、3、4 的 DIV 均往左移动了一个 DIV 的位置，编号为 2 的 DIV 看不见只是因为被编号为 1 的 DIV 给覆盖了。但这不是通过设置 margin 属性可以做到的，这就是两者很重要的区别。

V4-6 盒模型
定位-2

基于固定定位，可以在页面上随意放置元素，而又不会影响到页面的原始布局，比如蜗牛学院的官网宣传页面的顶部导航菜单，左右导航栏等都是基于固定定位来实现的。

4.5.3 绝对定位

继续利用 4.5.2 小节中的代码，将 position: fixed;修改为 position: absolute，可以看到，DIV 在浏览器窗口中显示位置与 fixed 的效果并没有任何不同。

若要真正理解 absolute，需要使用两个 DIV 嵌套的方式，代码如下。

```
<!DOCTYPE html>
<html>
<head lang="en">
    <meta charset="UTF-8">
    <title>fixed绝对定位</title>
    <style>
        #outer {
            width: 500px;
            height: 300px;
            background-color: #ff7448;
            position: absolute;
            left: 100px;
            top: 50px;
        }
        #inner {
            width: 300px;
            height: 200px;
            background-color: #5992fc;
            position: absolute;
            left: 150px;
            top: 60px;
        }
    </style>
</head>
<body>
    <div id="outer">
        <div id="inner"></div>
    </div>
</body>
</html>
```

上述代码的最终运行效果如图 4-24 所示。

除了设置 left 和 top 进行定位外，也可以使用 right 和 bottom 两个属性来对容器进行绝对定位。但是需要注意是，这四个属性只有在设置了 position 属性后才会生效。

绝对定位（absolute）和固定定位（fixed）有很多相似的特性，不同之处仅在于绝对定位相对于其父容器，且父容器必须设置 position 属性为非 static；而固定定位则只相对于浏览器窗口 body 而言，不管它的父容器是什么。所以两者在使用方式上有所区别，也是为了更好地适应页面的灵活布局而已。

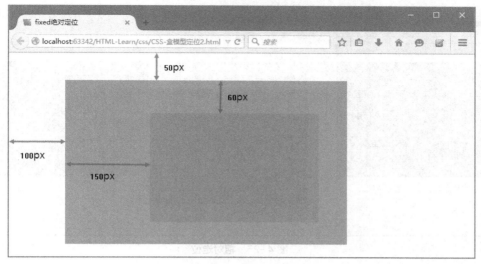

图 4-24　绝对定位

4.5.4　相对定位

相对定位是指 DIV 相对于原本位置的偏移量。所以设置了 postion: relative 后，相对定位不会脱离文档流，只是相对于原本在文档流中的位置进行了相应的偏移（同样使用 left、top、right 或 bottom 设置偏移量）。例如如下代码。

```html
<!DOCTYPE html>
<html>
<head lang="en">
    <meta charset="UTF-8">
    <title>fixed固定定位</title>
    <style>
        div {
            width: 300px;
            height: 200px;
            background-color: #8280ff;
            border: solid 3px orangered;
            margin: 5px;
            float: left;
            text-align: center;
            vertical-align: middle;
            line-height: 200px;
        }
    </style>
</head>
<body>
    <div>1</div>
    <div style="position: relative; left: 40px; top: 50px;">2</div>
    <div>3</div>
</body>
</html>
```

最后运行的效果如图 4-25 所示。

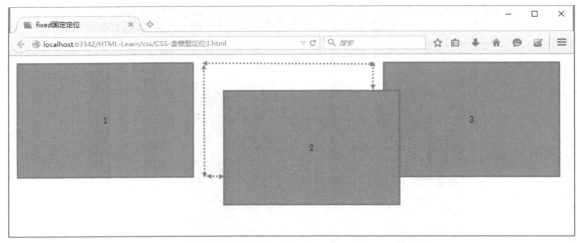

图 4-25　相对定位

可以看到整个文档流并没有被改变，2 号 DIV 只是相对于自己原本的位置偏移了一些距离。

综上所述，合理利用盒模型的定位，可以实现一些特殊的排版效果。

4.5.5　其他属性

在盒模型中，还有 3 个比较特殊的属性，介绍如下。

1．z-index 属性

当多个 DIV 重叠在一起时，z-index 属性用于设置哪个位于最上层（即用户可见的那一层）。z-index 的值是一个数字，是一个相对的概念，没有特别的值，可以任意设置。所谓相对，是指为多个 DIV 设置 z-index 的值，谁的值最大，谁就会显示在最上层。特别是对于 DIV 为绝对定位时比较有效，如果是浮动定位，则全部处理文档流按顺序显示，也不存在谁覆盖谁一说。

2．clear 属性

clear 属性的意思是清除浮动。针对一些设置了 float 属性的容器，如果要让其不再浮动，单独成一行，则可以再次利用 clear：both，将左右的浮动清除。

3．background-color 属性

设置容器的背景色，这个属性本身没有什么特别之处，只是这个属性的取值，除了设置一个标准的颜色值外，还有另一个特别的值 background-color：rgba（200，200，200，0.5），rgba 表达式分别对应的是颜色码的十进制取值和一个透明度设置，可以用来设置背景颜色的透明度。比如蜗牛学院官网的顶部导航栏便使用了透明度设置，所以当滚动页面的内容时，可以看到顶部呈现半透明效果。

4．display:flex 属性

设置该容器为弹性盒。所谓弹性盒，即可以自由设置自适应高度、宽度，自适应内容，自由变换大小，自由设置显示顺序等。具备更加灵活的特点，当然，对于布局过程好的一面就是灵活，不好的一面就是如果运用不熟练，可能会导致页面布局变乱。读者可参考网站 http://www.admin10000.com/document/6200.html 进行学习。

第5章

布局项目实战

本章导读：

■ 本章主要基于前面所学知识完成 3 个小型的项目实战，帮助读者将所学知识进行灵活运用，同时更加深入地理解 CSS 样式表，理解盒模型及页面布局，理解各种常见问题的处理方式，学会对实际开发过程中遇到的问题进行解决和处理。

学习目标：

（1）充分理解HTML常用标签及其属性的应用。
（2）熟练运用CSS样式表完成网页的布局及美化。
（3）熟练DIV盒模型完成页面的布局和规划。
（4）对开发HTML页面的过程中遇到的问题能够灵活处理并解决。
（5）能够独立完成一个网页的布局与优化。

5.1　九宫格布局

5.1.1　项目介绍

　　九宫格或类似九宫格的布局在页面中特别是手机页面中是非常常见的一种布局方式，比如蜗牛学院的手机端页面即严格遵循了九宫格的布局，如图 5-1 所示。

图 5-1　蜗牛学院手机端页面

　　本项目实战不要求实现这么复杂的内容显示，只是来实现一个简单的标准九宫格，效果如图 5-2 所示。

　　本项目实战的要求非常简单，就是实现一个固定的九宫格，不随浏览器宽度的调整而发生变化，并且每条边的宽度都保持一样，如图 5-2 所示。

5.1.2　开发思路

　　要实现一个九宫格，需要至少 9 个 DIV 容器。但是如果单纯使用 9 个 DIV，并利用 float: left 属性来设置，这个九宫格将是不固定的，会随着浏览器宽度的变化而变化。

　　要实现稳定的 9 格，只需要在 9 格的外面再加一个父容器，设置这个父容器的宽度为 3 个格子的宽度，高度也同样为 3 个格子的高度，确保稳定即可。

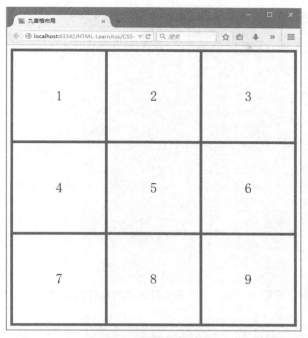

图 5-2　九宫格效果图

另外，如果为每个单元格都设置边框，是无法实现每条边都有相同宽度的，因为中间的两条边框是由两个单元格的边框构成的，针对这个问题，有两种解决方案，一种是为它们的父容器也设置同样的边框，来弥补少掉的一半边框；另一种方案是设置每个格子的 margin 的属性为负数，这样相当于两个格子有一部分是交叉在一起的，进而实现相同宽度的边框效果。

5.1.3　代码实现

对于第一种开发思路，即为父容器也设置同样大小边框的实现代码如下。

```html
<html>
<head lang="en">
   <meta charset="UTF-8">
   <title>九宫格布局</title>
   <style>
      div {
         width: 200px;
         height: 200px;
         border: solid 3px red;
         float: left;
         font-size: 30px;
         text-align: center;
         line-height: 200px;
      }
      .outer {
         width: 618px;
         height: 618px;
         border: solid 3px red;        /* 为父容器设置边框 */
         float: none;                   /* 由于为DIV标签设置了浮动，而父容器并不需要浮动，
```

```
                    所以直接使用float:none来取消浮动 */
        }
    </style>
</head>
<body>
    <div class="outer">
        <div>1</div>
        <div>2</div>
        <div>3</div>
        <div>4</div>
        <div>5</div>
        <div>6</div>
        <div>7</div>
        <div>8</div>
        <div>9</div>
    </div>
</body>
</html>
```

对于第二种解决方案，设置 margin-left 为负数，利用同样的元素，只是对 CSS 样式进行如下一些稍微的调整即可。

```
<style>
    div {
        width: 200px;
        height: 200px;
        border: solid 6px red;        /* 设置每个单元格的边框为6px */
        float: left;
        font-size: 30px;
        text-align: center;
        line-height: 200px;
        margin: -3px;                 /* 设置每个格子之间交叉3px */
    }
    .outer {
        width: 618px;
        height: 618px;
        border: solid 0px red;        /* 不设置父容器的边框 */
        float: none;
    }
</style>
```

5.2 在线计算器布局

5.2.1 项目介绍

V5-2 在线计算器布局

本实战项目主要结合第 2 章完成的在线计算器的布局，对第 2 章的基于表格完成的布局利用 DIV+CSS 进行改造，基本需求描述如下。

（1）全部使用 DIV 标签完成，不得使用任何其他标签。

（2）三个小圆点也使用 DIV 完成，利用 DIV 的圆角属性完成圆形设计。

（3）结果框为黑色边框加白色背景。计算器的四周为圆角。

最终效果如图 5-3 所示。

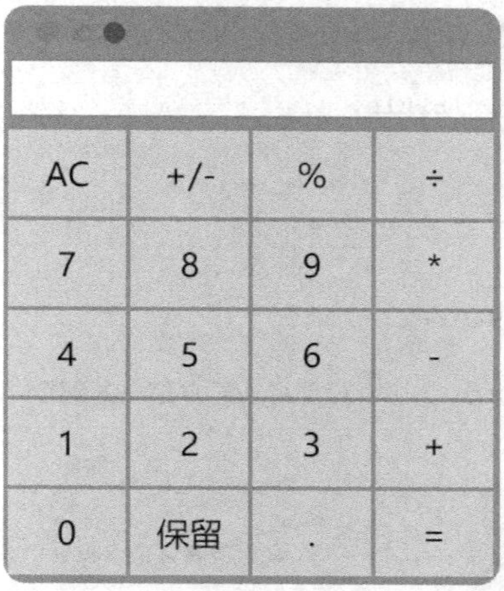

图 5-3　在线计算器界面

5.2.2　开发思路

单纯就计算器本身的布局来说，基于九宫格的布局实践，利用盒模型布局计算器是非常容易实现的。本项目主要目的是让读者关注布局实现过程中的一些细节的控制，比如距离问题、大小问题、宽度高度问题、居中问题、圆角问题等。

先从总体上对计算器进行一个布局分析，首先需要一个完整的父容器，就是最外面的那一层容器，其大小宽度可以参考第 2 章的设置。同时其背景色铺满整个容器，为灰色背景。此处需要注意的是，盒模型中的边框和高度宽度是分开计算的，其容器的总宽度或高度都得计算上其边框的宽度，甚至为其设置的 margin 边距等都得考虑进去。

再来从上而下来分析计算器里面的布局，首先需要在第一行 DIV 的地方旋转 3 个小圆点，根据题目要求不能使用非 DIV 标签，只能在 DIV 上思考。DIV 容器本身是一个矩形容器，如何能够实现一个圆形呢？如果 DIV 容器是一个正方形，并且圆角足够圆，圆到其半径是 DIV 正方形容器的宽度或高度的一半，即 50%，就可以将一个正方形变成一个圆形，结合第一行 DIV 的容器对距离进行控制，模拟出圆点。

接下来设计结果框，题目要求是白色背景加红色边框，所以在此只需要设置一个 DIV，并且保持相对父容器水平居中（margin: 0 auto）即可。这一需求的实现相对比较简单。

接下来设计计算器的按钮部分，按钮部分完全可以由单个 DIV 构成，所以只需要为所有按钮设置一个父容器，并且为各按钮设置为向左浮动，这样由于父容器的宽度限制，并不会超出计算器，而是会一行一行向下平铺，这样就可以实现其效果。同时，我们再为其设置伪类 hover 属性实现悬停特效。另外，每个按钮之间是有一定距离的，这个距离可以通过设置按钮的 margin 属性来实现，同时让整个计算器的容器的灰色背景部分露出来，即可模拟出间距部分。

另外，计算器按钮有 20 个，如果为每一个按钮设置对应的 Class 选择器来进行样式定位会使代码显得比较冗余。所以此处可以使用组合选择器，将 20 个按钮的父容器设置一个 Class 或 ID，再通过后代选择器的方式进行定位，使代码看上去会更加简洁。

5.2.3　代码实现

具体的实现代码如下，请关注代码的注释部分。

```html
<!DOCTYPE html>
<html>
<head lang="en">
    <meta charset="UTF-8">
    <title>在线计算器CSS+DIV实现</title>
    <style type="text/css">
        #outer {
            width: 450px;
            height: 540px;
            background-color: gray;
            margin: 0 auto;
            border-radius: 20px;        /* 设置最外层父窗口的圆角 */
        }
        #top {
            width: 200px;
            padding-left: 20px;         /* 让小圆点距离左边20px */
            height: 50px;
            margin: 0 auto;
            display: table-cell;        /* 以单元格方式处理DIV，便于实现垂直居中 */
            vertical-align: middle;  /* 让3个小圆点都垂直居中 */
        }
        .point {
            width: 20px;                /* 要实现圆形，必须是一个正方形 */
            height: 20px;
            float: left;
            margin-left: 10px;
            border-radius: 50%;         /* 设置小圆点的圆角半径为宽度的一半，这样可以实现一个圆 */
        }
        .bg-blue {
            background-color: dodgerblue;
        }
        .bg-green {
            background-color: darkgreen;
        }
        .bg-red {
            background-color: orangered;
        }
        #result {
            width: 97%;
            height: 50px;
            background-color: white;
            margin: 0 auto;
            border: solid 2px orangered;
        }
        #button {
            width: 99%;
            height: 420px;
            margin: 10px auto;
        }
        #button div {
            width: 24%;
```

```
            height: 80px;
            margin: 2px;
            background-color: #7fffd4;
            float: left;
            font-size: 30px;
            text-align: center;
            line-height: 80px;
            font-family: 微软雅黑;
        }
        #button div:hover {
            background-color: orangered;     /* 针对所有按钮实现鼠标悬停效果 */
        }
    </style>
</head>
<body>
    <div id="outer">
        <div id="top">
            <div class="point bg-red"></div>
            <div class="point bg-blue"></div>
            <div class="point bg-green"></div>
        </div>

        <div id="result"></div>

        <div id="button">
            <div>AC</div>
            <div>+/-</div>
            <div>%</div>
            <div>÷</div>
            <div>7</div>
            <div>8</div>
            <div>9</div>
            <div>*</div>
            <div>4</div>
            <div>5</div>
            <div>6</div>
            <div>-</div>
            <div>1</div>
            <div>2</div>
            <div>3</div>
            <div>+</div>
            <div>0</div>
            <div>保留</div>
            <div>.</div>
            <div>=</div>
        </div>
    </div>
</body>
</html>
```

由上述代码可以看出，利用 DIV+CSS 的布局方式，计算器的内容显示部分变得非常简洁，而 CSS

样式反而占据了页面绝大部分，这样可以真正实现内容与样式完全分离，更加便于维护。这一点需要开发人员在实践过程中慢慢体会。

V5-3　官网 DIV
布局

5.3　蜗牛学院官网布局

5.3.1　项目介绍

利用 DIV+CSS 布局方式实现的蜗牛学院官网页面如图 5-4 所示，实现了高仿，而且顶部导航菜单栏是固定且半透明效果，同时两边有两个页面内导航工具栏，且一直在固定位置出现，无论页面如何滚动，该工具栏始终存在，参考网址为：http://www.woniuxy.com.learn/train/java.html。

图 5-4　蜗牛学院 Java 培训宣传页面

5.3.2　开发思路

首先，该页面的布局实现与第 2 章的官网页面实现是完全一致的，所以单纯的布局实现方面并不会显得特别难处理，无非就是将表格布局转换为 DIV 布局，再对 CSS 样式进行合理设置。首先为该页面绘制线框图，如图 5-5 所示。

然后根据上述的线框图对页面进行分拆和编号，顶部导航栏，中上部提问栏，中下部回答栏，最底部的按钮链接栏，左右两边的工具栏，下述分析将基于这个线框图和对应位置区域的编号来进行。

其次，整个页面的文字颜色都是白色，同时字体名称都是"微软雅黑"，在这种情况下可以直接针对 <body> 标签直接设置这两个全页面的公共属性。

现在，顶部 LOGO 和导航栏无非就是一行 N 列的样式，只需要设置一个父容器，并且相对于浏览器窗口水平居中，在其内部再放置 N 个 DIV 并且设置为浮动即可。

图 5-5　宣传页面线框图

　　另外，要实现该页面的高仿，需要注意一些细节，比如页面顶部的导航菜单是固定的半透明的效果。只需要设置整体（也就是父容器）为固定定位（即 position：fixed）即可实现固定，利用 CSS 内置函数 rgba（R，G，B，A）来设置其透明度，语法为 background-color：rgba（50，100，150，0.5），其中 rgba 是 CSS 的内置函数，就是该背景色对应的十进制值的 Red、Green 和 Blue 的配比，还有一个 A 代表 alpha 颜色通道，即实现透明度的比例，取值范围从 0 到 1，值越小表示越透明，值越大表示越不透明，如果设置为 1 则表示不透明。

　　另外，页面顶部的导航栏有一条贯穿整个浏览器窗口的水平线，要实现这条线的方法有很多种，比如使用<hr>水平线来实现，或者设置 DIV 的底部边框。这里考虑到导航栏的固定及半透明设置，建议采取为 DIV 设置底部边框的方式实现，因为这样整个导航栏能够构成一个整体。但是顶部导航栏本身就需要设置一个父容器的固定的宽度 1100 像素，这样才能保持页面水平居中，又需要一个底部边框贯穿整个页面，像这种情况，就要在这个 1100 像素的父容器之外，再加一个更大的父容器，让他们各司其职即可。

　　接下来的关于中上部提问栏的内容（即程序员们为何喜欢 JAVA？）相对简单，两个 DIV，只需要设置好高度、宽度、大小和 padding 属性即可。

　　关于中下部回答栏的内容，即这个 3 行 4 列的格子组合，如果通过表格来实现，事情就会变得非常简单，就是一个简单的 3 行 4 列的表格，通过设置相同的宽度和不同的高度实现，再通过设置一定的 padding 保持内容之间的距离即可。但是，如果通过 DIV 来完整实现，会显得要更加灵活一些，可以设置按行来布局，即先完成第一行的处理，设置一个父容器，再设置 4 个可浮动的子容器。后面的第二行第三行如法炮制。当然也可以设置按列布局，即先实现第一行，那么需要一个父容器，里面实现三列。再实现第二个父容器，里面再实现三列。当然，也可以为 12 个格子设置相同的宽度，进而利用类似九宫格的布局，利用其共同的父容器来强制让其进行换行处理。三种方法事实上没有本质区别，复杂度都是一样的，读者可自行决定。

　　最底部的三个超链接按钮实现了一个圆角，一个超链接，一个背景色，这些都是相对简单的处理，此处不再分析，请直接看代码实现部分。

另外，左右两边的工具栏也同样是固定于浏览器窗口，只需要为其设置 positon：fixed，左边只是一张图片，利用一个 DIV 进行放置即可；右边是一个导航工具条，里面有 9 行 1 列，也可以利用 DIV 来实现。但是为了知识点的丰富性，在此利用列表项来实现，只不过让列表项不显示前面的数字或小圆点之类的风格即可。

V5-4 官网 DIV
内容

以上对页面的分析是一个笼统的分析，对于初学者来说并不一定马上能够明白，希望读者按照类似的思路，在解决一个具体问题之前，先做好充分的分析，将问题细化。

5.3.3 代码实现

通过对开发思路及线框图的分析，然后进行具体的代码实现。由于本项目的代码量较大，有接近 300 行代码，所以这里对代码进行拆分，一步一步来实现整个页面，这样也可以有助于读者对实现细节有更深刻的理解。

1. 页面顶部代码实现

首先，关于页面顶部的实现需要两个父容器，一个宽度为 100%，负责设置固定定位和半透明背景，以及将底部边框设置为蓝色的 1 像素线条；另一个父容器负责实现 1100 像素的固定宽度，用以容纳导航栏内容，并且设置为水平居中，代码如下（注意代码中的注释，可以帮助读者更好地理解其作用）。

```html
<!DOCTYPE html>
<html>
<head lang="en">
    <meta charset="UTF-8">
    <title>蜗牛学院官网</title>
    <!--<link href="mystyle.css" rel="stylesheet">-->
    <style>
        /* 为整个页面设置统一字体,且保持浏览器窗口与内容之间无间距 */
        body {
            margin: 0;
            color: white;
            font-family: 微软雅黑;
            Background-image: url("../image/black-earth.jpg");
        }
        /* 为超链接设置统一的样式风格 */
        a:link,a:visited {
            color: white;
            text-decoration: none;
        }

        a:hover,a:active {
            color: #fff8cc;
            text-decoration: underline;
        }
        /* 设置最外层父容器的固定定位,底部边框及半透明 */
        #top {
            width: 100%;
            height: 90px;
            background-color: rgba(0,0,0,0.5);   /* 半透明背景实现 */
            border-bottom: solid 1px dodgerblue;/* 底部边框模拟线条 */
            position: fixed;       /* 固定定位 */
```

```
        }
        /* 设置内层父窗口的固定宽度和水平居中 */
        #header {
            width: 1100px;
            height: 90px;
            border: solid 0px red;
            margin: 0 auto;
        }
        /* 设置蜗牛学院LOGO样式 */
        #header .logo {
            width: 38%;
            height: 90px;
            border: solid 0px white;
            float: left;
            line-height: 90px;
        }
        #header .logo img{
            vertical-align: middle;
        }
        /* 设置导航栏的图标样式 */
        #header .icon {
            width: 3.5%;
            height: 90px;
            border: solid 0px white;
            float: left;
            line-height: 90px;
        }
        /* 设置导航栏的图标大小及垂直居中 */
        #header .icon img {
            width: 30px;
            vertical-align: middle;
        }
        /* 设置导航栏的内容样式 */
        #header .menu {
            width: 8.5%;
            height: 90px;
            border: solid 0px white;
            float: left;
            line-height: 90px;
            vertical-align: middle;
            font-size: 18px;
        }
    </style>
</head>
<body>
<div id="top">
    <div id="header">
        <div class="logo"><img src="../image/logo.png" /></div>
        <div class="icon"><img src="../image/java-icon.png" /></div>
        <div class="menu"><a href="#">Java开发</a></div>
        <div class="icon"><img src="../image/android-icon.png" /></div>
```

```
            <div class="menu"><a href="#">Web前端</a></div>
            <div class="icon"><img src="../image/test-icon.png" /></div>
            <div class="menu"><a href="#">软件测试</a></div>
            <div class="icon"><img src="../image/communicate.png" /></div>
            <div class="menu"><a href="#">学员作品</a></div>
            <div class="icon"><img src="../image/about.png" /></div>
            <div class="menu"><a href="#">原创博客</a></div>
        </div>
    </div>
</body>
</html>
```

完成后的效果如图 5-6 所示。

图 5-6　实现官网页面顶部导航栏

2. 页面文件部分代码实现

接下来实现页面的主体部分，包含中上部、中下部、底部链接按钮，代码如下。

```
<!DOCTYPE html>
<html>
<head lang="en">
    <meta charset="UTF-8">
    <title>蜗牛学院官网</title>
    <!--<link href="mystyle.css" rel="stylesheet">-->
    <!-- 也可将该样式表另外为一个.css文件，通过link标签导入当前页面 -->
    <style>
        /* 为整个页面设置统一字体，且保持浏览器窗口与内容之间无间距 */
        body {
            margin: 0;
            color: white;
            font-family: 微软雅黑;
            background-image: url("../image/black-earth.jpg");
        }
        /* 为超链接设置统一的样式风格 */
        a:link,a:visited {
            color: white;
            text-decoration: none;
        }

        a:hover,a:active {
            color: #fff8cc;
            text-decoration: underline;
        }

        /* 设置左边在线咨询图片样式 */
```

```
.left {
    position: fixed;
    left: 10px;        /* 靠左定位，以浏览器左边框为基准 */
    top: 20%;
}
.left img {
    width: 110px;
}
/* 设置右边页内导航样式 */
.right {
    width: 100px;
    height: 340px;
    background-color: rgba(55, 55, 55, 0.89);
    border-radius: 20px;
    position: fixed;
    right: 10px;       /* 靠右定位，以浏览器右边框为基准 */
    top: 20%;
}
.right ul {
    list-style: none;
    font-size: 14px;
}
.right li {
    margin-left: -18px;
    line-height: 35px;
}


/* 设置顶部最外层父容器的固定定位，底部边框及半透明 */
#top {
    width: 100%;
    height: 90px;
    background-color: rgba(0,0,0,0.5);          /* 半透明背景实现 */
    border-bottom: solid 1px dodgerblue;        /* 底部边框模拟线条 */
    position: fixed;                            /* 固定定位 */
}
/* 设置内层父窗口的固定宽度和水平居中 */
#header {
    width: 1100px;
    height: 90px;
    border: solid 0px red;
    margin: 0 auto;
}
/* 设置蜗牛学院LOGO样式 */
#header .logo {
    width: 38%;
```

```css
    height: 90px;
    border: solid 0px white;
    float: left;
    line-height: 90px;
}
#header .logo img{
    vertical-align: middle;
}
/* 设置导航栏的图标样式 */
#header .icon {
    width: 3.5%;
    height: 90px;
    border: solid 0px white;
    float: left;
    line-height: 90px;
}
/* 设置导航栏的图标大小及垂直居中 */
#header .icon img {
    width: 30px;
    vertical-align: middle;
}
/* 设置导航栏的内容样式 */
#header .menu {
    width: 8.5%;
    height: 90px;
    border: solid 0px white;
    float: left;
    line-height: 90px;
    vertical-align: middle;
    font-size: 18px;
}


/* 设置中上部样式 */
#why {
    width: 900px;
    height: 200px;
    border: solid 0px red;
    margin: 0 auto;
    padding-top: 100px;
}
#why .question {
    width: 100%;
    height: 100px;
    border: solid 0px white;
    text-align: center;
```

```
        line-height: 100px;
}
#why .question img{
        vertical-align: middle;
        width: 550px;

}
#why .desc {
        width: 100%;
        height: 40px;
        border: solid 0px white;
        line-height: 40px;
        vertical-align: middle;
        text-align: center;
        font-size: 16px;
}
/*  设置中下部样式 */
#detail {
        width: 1000px;
        height: 350px;
        border: solid 0px red;
        margin: 0 auto;
}
#detail .general {
        width: 24.5%;
        text-align: center;
        vertical-align: middle;
        float: left;
        border: solid 0px white;
}
#detail .image {
        height: 200px;
        line-height: 200px;
        text-align: center;
}
#detail .image img{
        width: 150px;
        vertical-align: middle;
}
#detail .title {
        height: 50px;
        line-height: 50px;
        font-size: 22px;
        text-align: center;
        vertical-align: middle;
}
```

```
        #detail .text {
            width: 205px;
            height: 80px;
            padding: 10px 20px;
            font-size: 14px;
        }
        /* 设置底部按钮样式 */
        #footer {
            width: 680px;
            height: 50px;
            margin: 0 auto;
            border: solid 0px red;
        }
        #footer .link {
            width: 180px;
            margin: 0px 20px;
            border: solid 0px white;
            height: 46px;
            float: left;
            border-radius: 10px;
            text-align: center;
            line-height: 45px;
            vertical-align: middle;
            font-size: 18px;
        }

        /* 对当前页面设置通用的背景色 */
        .bg-red {
            background-color: #eb3980;
        }
        .bg-orange {
            background-color: darkorange;
        }
        .bg-blue {
            background-color: #00beff;
        }
    </style>
</head>
<body>
<!-- 页面的左右工具栏，由于是固定定位，所以可以将此代码置于任意地方 -->
<div class="left">
    <img src="../image/online-ask.png" />
</div>
<div class="right">
    <ul>
```

```
        <li><a href="#career">职业发展</a></li>
        <li><a href="#outline">课程大纲</a></li>
        <li><a href="#jobs">就业详情</a></li>
        <li><a href="#mode1">就业专访</a></li>
        <li><a href="#java-1">Java作品</a></li>
        <li><a href="#web-1">Web作品</a></li>
        <li><a href="#student">学员天地</a></li>
        <li><a href="#teacher">师资力量</a></li>
        <li><a href="#contact">联系我们</a></li>
    </ul>
</div>


<!-- 页面顶部导航栏 -->
<div id="top">
    <div id="header">
        <div class="logo"><img src="../image/logo.png" /></div>
        <div class="icon"><img src="../image/java-icon.png" /></div>
        <div class="menu"><a href="#">Java开发</a></div>
        <div class="icon"><img src="../image/android-icon.png" /></div>
        <div class="menu"><a href="#">在线课堂</a></div>
        <div class="icon"><img src="../image/test-icon.png" /></div>
        <div class="menu"><a href="#">软件测试</a></div>
        <div class="icon"><img src="../image/communicate.png" /></div>
        <div class="menu"><a href="#">学员作品</a></div>
        <div class="icon"><img src="../image/about.png" /></div>
        <div class="menu"><a href="#">原创博客</a></div>
    </div>
</div>


<!-- 页面中底部主体内容 -->
<div id="why">
    <div class="question"><img src="../image/why-java.png"/> </div>
    <div class="desc">Java是全球最主流的编程语言。Java技术具有卓越的通用性、高效性、平台移植性和
安全性, </div>
    <div class="desc">相关调查显示,在各种编程语言中,Java使用者比例最高,达40%以上! </div>
</div>


<div id="detail">
    <div class="general image"><img src="../image/circle-blue-1.png" /> </div>
    <div class="general image"><img src="../image/circle-green-3.png" /></div>
    <div class="general image"><img src="../image/circle-yellow-2.png" /></div>
    <div class="general image"><img src="../image/circle-red-1.png" /></div>

    <div class="general title">它,被需要</div>
    <div class="general title">它,更简单</div>
```

```
  <div class="general title">它，不受限</div>
  <div class="general title">它，用途广</div>

  <div class="general text">我国对Java开发人才的需求已经接近100万，并且每年都在以20%的速度高
速增长。</div>
  <div class="general text">Java很容易学习和使用，它丢弃传统编程语言的各种复杂特性，代码更易理
解和编写。</div>
  <div class="general text">Java最大的特点就是跨平台性，不受运行环境限制，仅需一次编码，便可到
处运行。</div>
  <div class="general text">Java广泛应用于移动互联网开发，企业大型应用系统开发和智能物联网开发
等领域。</div>
</div>

<div id="footer">
  <div class="link bg-red"><a href="#">免费在线视频</a></div>
  <div class="link bg-blue"><a href="#">查看就业信息</a></div>
  <div class="link bg-orange"><a href="#">申请免费试学</a></div>
</div>
</body>
</html>
```

上述代码完成后的效果如图 5-7 所示。

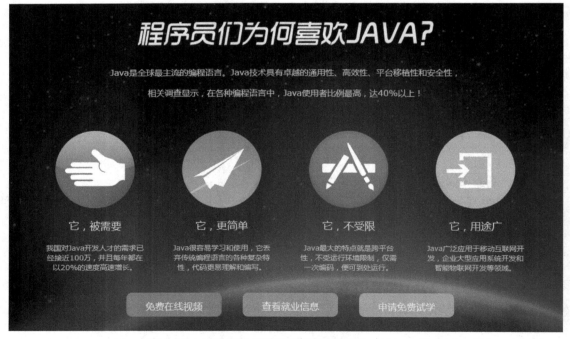

图 5-7　实现页面主体内容部分

3. 合并顶部和主体部分实现代码

接下来将两部分代码进行整合，则基本可以实现主体功能。但是页面还没完，因为还有两个左右工具栏，实现代码如下。

```html
<!DOCTYPE html>
<html>
<head lang="en">
    <meta charset="UTF-8">
    <title>蜗牛学院官网</title>
    <!--<link href="mystyle.css" rel="stylesheet">-->
    <style>
        /* 为整个页面设置统一字体,且保持浏览器窗口与内容之间无间距 */
        body {
            margin: 0;
            color: white;
            font-family: 微软雅黑;
            background-image: url("../image/black-earth.jpg");
        }
        /* 为超链接设置统一的样式风格 */
        a:link,a:visited {
            color: white;
            text-decoration: none;
        }

        a:hover,a:active {
            color: #fff8cc;
            text-decoration: underline;
        }
        /* 设置左边在线咨询图片样式 */
        .left {
            position: fixed;
            left: 10px;        /* 靠左定位,以浏览器左边框为基准 */
            top: 20%;
        }
        .left img {
            width: 110px;
        }
        /* 设置右边页内导航样式 */
        .right {
            width: 100px;
            height: 340px;
            background-color: rgba(55, 55, 55, 0.89);
            border-radius: 20px;
            position: fixed;
            right: 10px;        /* 靠右定位,以浏览器右边框为基准 */
            top: 20%;
        }
        .right ul {
```

```
        list-style: none;
        font-size: 14px;
    }
    .right li {
        margin-left: -18px;
        line-height: 35px;
    }
</style>
</head>
<body>
    <div class="left">
        <img src="../image/online-ask.png" />
    </div>
    <div class="right">
        <ul>
            <li><a href="#career">职业发展</a></li>
            <li><a href="#outline">课程大纲</a></li>
            <li><a href="#jobs">就业详情</a></li>
            <li><a href="#model">就业专访</a></li>
            <li><a href="#java-1">Java作品</a></li>
            <li><a href="#web-1">Web作品</a></li>
            <li><a href="#student">学员天地</a></li>
            <li><a href="#teacher">师资力量</a></li>
            <li><a href="#contact">联系我们</a></li>
        </ul>
    </div>
</body>
</html>
```

上述代码的实现效果如图 5-8 所示。

图 5-8　左右工具栏定位实现

到目前为止，页面的三大部分已分别实现，读者只需要进行适当整合即可。

5.3.4　代码优化

由于这个项目只是实现了页面的首屏，考虑到可能会高仿整个页面，整个页面其实是由不同的版块区域构成，而每个区域有不同的背景图片，所以不能只是简单为<body>标签设置一张背景图片，这样每个版块都只能使用相同的背景图片，很显然，这样设计是无法达到该宣传页面的实现效果的，具体如图5-9所示。

图 5-9　官网页面整体效果

通过本章的演练，读者应该可以形成一些整体意识，要真正实现一个可用的页面，要考虑和分析的因素是非常多的，必须要经过认真的事先分析和设计，而不能盲目上手。比如针对这种情况，需要为每一个版块设置不同的背景图片，那么也就意味着每个版块都需要有一个更大的 DIV 容器来存放这些元素，同时背景图片也需要有所变化。对于此问题的解决请读者自行处理，作为一个单独的练习。

第6章

CSS高级应用

本章导读:

■ 本章主要介绍 CSS 中的一些高级应用,这些新用法基本是在 CSS 3.0 的版本中引入的,同样也是为了更好地适应移动互联网和移动端设备,以及用户体验方面的优化和改进。

■ 本章的一些高级特性比较适合在对 CSS 核心应用已经有所掌握的情况下学习。同时,某些新的动画特性如果能够结合 JavaScript 程序设计共同完成,将能够达到更好的效果,并且能够更加有效地解决实际网页开发中的问题。

学习目标:

(1)熟练运用animation完成各类动画的应用。

(2)熟练运用transform完成各类容器的变形效果。

(3)充分理解transition过渡效果。

(4)充分理解响应式布局的优势与价值。

(5)能够熟练运用媒体查询(@media)来进行响应式布局。

(6)能够熟练运用相对大小,进行更加快速方便的整体调整。

(7)完成一个手机网站的布局,并利用自己的手机进行访问。

6.1 动画效果

6.1.1 animation

在 Web 前端页面中，有很多办法可以展现动画，比如在传统的 Web 页面上可以使用 JavaScript 通过编程来实现动画（后续章节会有详细讲解），或者可以在页面中嵌入一个 Flash 动画，也可以使用 marquee 标签来处理一些简单的滚动动画，或者在 H5 页面中通过 JS 编程来控制 Canvas 绘图组件，等等。

考虑到动画是实现有效交互和信息传递很重要的手段，所以在 CSS 3 的版本中直接引入了可以完成一些相对简单却能够达到平滑效果的动画处理的三大 CSS 属性，分别是 animation、transform 和 transition。

1. 关键帧

三大属性中最重要、最核心的是 animation。要了解 animation，就有必要先了解关键帧（keyframes）的概念。

其实对于"帧"这个概念平时接触是比较多的。比如电影，或者录制视频，都会有"帧"的概念。最经典和直观的莫过于电影胶片，我们可以看到，电影的动画其实就是以每秒钟 24 张胶片的速度通过匀速转动实现的，如图 6-1 所示。

图 6-1 电影胶片

现在，相机、手机拍摄部分的参数一定会标注类似 1280×720，60fps，或者 1920×1080，30fps；或者有些高速摄像机，比如 GoPro Hero 5 运动相机，在 1080P 的分辨率下其最高拍摄速度可达 120fps，也就是说每秒可以处理 120 帧的图像，如图 6-2 所示。

图 6-2 GoPro Hero 运动相机

2. animation 应用效果

关键帧引入了时间和步骤的概念，比如要完成一个动画，最简单的效果是在设置的时间内最开始是什么样，最后变成什么样（这相当于只有两帧）。当然，我们也可以设置得更加详细，比如第一步做什么，第二步做什么，第三步做什么……，这样，帧越多，处理得越细腻。

接下来结合实例介绍如何应用 CSS 的 animation 属性和关键帧@keyframes 来完成一个简单的 DIV 移动和变色的效果。

先完成一个基本的页面，绘制一个 DIV，宽度和高度为 300，初始时在屏幕左上角，背景色为红色，在 2s 的时间内向右移动 500px，并且背景色变为蓝色，代码如下。

```html
<!DOCTYPE html>
<html>
<head lang="en">
    <meta charset="UTF-8">
    <title>Animation动画基础</title>
    <style>
        div {
            width: 300px;
            height: 300px;
            background-color: blue;
            margin: 0;
            /*定义animation动画属性，名称为movediv，时间为2s，是组合属性 */
            animation: movediv 2s;
        }

        /* 定义关键帧，这里只有两帧，即开始状态和结束状态 */
        @keyframes movediv {
            from {
                /* 定义刚开始时的一些处理，通常直接使用原始样式 */
            }
            to {
                margin-left: 500px;
                background-color: blue;
            }
        }
    </style>
</head>
<body>
    <div></div>
</body>
</html>
```

打开浏览器，运行代码，初始状态如图 6-3 所示。

经过 2s 后，DIV 被往右移动了 500px，并且背景色变成了蓝色，最终效果如图 6-4 所示。整个背景色的变换过程是非常平滑的，而不是很生硬地直接变过去。

3. animation 属性

当然，这是比较简单的动画效果。下面介绍关于 CSS 的 animation 属性的定义方式、取值和作用，其取值主要有以下 8 个。

V6-2 animation
动画属性

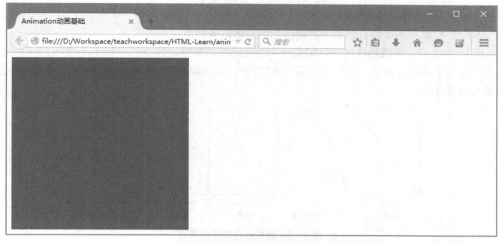

图 6-3 利用 animation 属性实现动画移动前效果

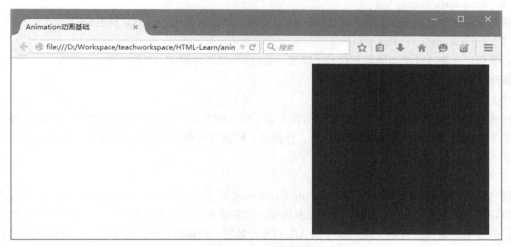

图 6-4 利用 animation 实现动画移动前效果

（1）animation-name

用来定义一个动画的名称，其主要有两个值，一个是 name，是由@keyframes 创建的动画名，换句话说此处的 name 要和@keyframes 中的 name 一致，如果不一致，将不能实现任何动画效果；另一个是 none，为默认值，当值为 none 时，将没有任何动画效果。另外，这个属性可以同时附几个 animation 的名称给一个元素，只需要用逗号","隔开，可以实现更多且不同的动画效果。

（2）animation-duration

用来指定元素播放动画所持续的时间长，取值<time>为数值，单位为 s（秒），其默认值为 0。

（3）animation-timing-function

指元素根据时间的推进来改变属性值的变换速率，说得简单点就是动画的播放方式。具有 6 种变换方式，分别是 ease、ease-in、ease-out、ease-in-out、linear、cubic-bezier，分别的作用如下。

① ease：逐渐变慢，默认值，ease 函数等同于贝塞尔曲线（0.25, 0.1, 0.25, 1.0）。

② linear：匀速，linear 函数等同于贝塞尔曲线（0.0, 0.0, 1.0, 1.0）。

③ ease-in：加速，ease-in 函数等同于贝塞尔曲线（0.42, 0, 1.0, 1.0）。

④ ease-out：减速，ease-out 函数等同于贝塞尔曲线（0，0，0.58，1.0）。

⑤ ease-in-out：加速然后减速，ease-in-out 函数等同于贝塞尔曲线（0.42，0，0.58，1.0）。

⑥ cubic-bezier：该值允许用户自定义一个时间曲线，是特定的 cubic-bezier 曲线，（x1，y1，x2，y2）四个值特定于曲线上点 P1 和点 P2。所有值需在[0，1]区域内，否则无效。上述 5 个动画运行速率的效果如图 6-5 所示。

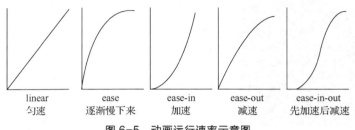

图 6-5　动画运行速率示意图

（4）animation-delay

用来指定元素动画开始时间，取值<time>为数值，单位为 s（秒），默认值也是 0。

（5）animation-iteration-count

用来指定元素播放动画的循环次数，取值<number>可以为数字，其默认值为"1"；infinite 为无限次数循环。

（6）animation-direction

用来指定元素动画播放的方向，其只有两个值，默认值为 normal，如果设置为 normal，动画的每次循环都是向前播放；另一个值是 alternate，作用是，动画播放在第偶数次向前播放，第奇数次向反方向播放。

（7）animation-play-state

用来控制元素动画的播放状态有 running 和 paused 两个值，其中 running 为默认值。它们的作用就类似于音乐播放器，可以通过 paused 将正在播放的动画停下了，也可以通过 running 将暂停的动画重新播放。但这里的重新播放不一定是从元素动画的开始播放，而是从暂停的那个位置开始播放。另外，如果暂时了动画的播放，元素的样式将回到最原始设置状态。

（8）animation-fill-mode

规定动画在播放之前或之后其动画效果是否可见，默认为 none，表示动画运行结束后回到初始状态。当取值为 forwards 时，动画完成后，保持最后一个属性值（在最后一个关键帧中定义）；当取值为 backwards 时，animation-delay 所指定的一段时间内，在动画显示之前，应用开始属性值（在第一个关键帧中定义）。也可以将值取为 both，则 forwards 和 backwards 的两种特性都将被应用。

利用 animation 组合属性，也同样可以实现上述属性的设置，如图 6-6 所示。

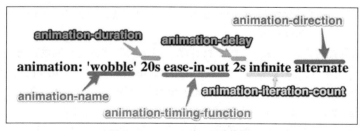

图 6-6　animation 组合属性

由图 6-6 定义的组合属性可知，这个动画的关键帧名称叫"wobble"，持续时间为"20s"，使用"ease-in-out"播放方式，延迟时间为"2s"，无限次来回轮流播放。有了上述基础以后，再尝试如下两个实例。

实例 1：让一个正方形逐渐变大并变成圆形。

该动画不要求移动，循环轮流播放，延迟 2s 开始，并且使用匀速变换。另外，当鼠标指针悬停在该 DIV 上时，动画暂停播放。代码如下。

```html
<!DOCTYPE html>
<html>
<head lang="en">
    <meta charset="UTF-8">
    <title>方形变圆形</title>
    <style>
        div {
            width: 200px;
            height: 200px;
            background-color: #ff7448;
            margin: 20px auto;
            animation: movediv 3s alternate infinite 2s linear;
        }

        div:hover {
            animation-play-state: paused;
        }

        @keyframes movediv {
            from {}
            to {
                width:300px;
                height: 300px;
                border-radius: 50%;
            }
        }
    </style>
</head>
<body>
    <div></div>
</body>
</html>
```

动画运行到过程中间的截图如图 6-7 所示。

实例 2：DIV 做矩形运行。

本实例将完成一个相对更复杂一点的动画：让一个 DIV 沿一个矩形路线从左上移动到右上，再移动到右下，再移动到左下，最后回到原点。本实例主要用来解决关键帧更细致的处理问题。通过题意可以理解，这不是两帧就可以搞定的，一定会有 5 帧来处理才能够正常完成。

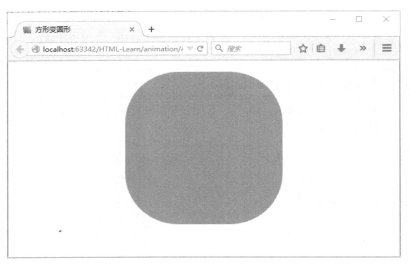

图 6-7　方形变圆形动画

实现本题的关键代码如下。

```html
<!DOCTYPE html>
<html>
<head lang="en">
    <meta charset="UTF-8">
    <title>动画基础</title>
    <style type="text/css">
        #mydiv {
            width: 200px;
            height: 200px;
            background-color: #61ff87;
            position: fixed;
            left: 0px;
            top: 0px;
            animation: movediv 5s alternate;
        }

        @keyframes movediv {
            from {}          /* 动画开始时的设置，也可以使用0% */
            25% {background-color: #ff79ef;
                left: 500px;
                top: 0px;
            }
            50% {
                background-color: #4249ff;
                left: 500px;
                top: 300px;
            }
            75% {
                border: solid 5px #0e2218;
                left: 0px;
                top: 400px;
```

```
        }
        /* to 表示动画结束时的状态，也可以使用100% */
        to {
            left: 0px;
            top: 0px;
        }
    }
</style>
</head>
<body>
<div id="mydiv"></div>
</body>
</html>
```

上述代码运行过程中间的截图如图 6-8 所示。

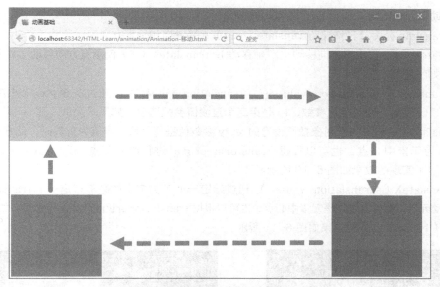

图 6-8　DIV 矩形运动轨迹

事实上，我们通常会把 animation 通过关键帧与 transform 或者 transition 甚至更进一步和 JavaScript 程序进行结合，实现的动画效果会更加丰富多彩。

6.1.2　transform

transform 字面上就是变形、改变的意思。在 CSS 3 中，transform 主要包括旋转 rotate、扭曲 skew、缩放 scale 和移动 translate 以及矩阵变形 matrix，并且通过空格分隔还可以一次性实现多种变换效果。

V6-3　transform 变换

transform 属性实现了一些可用 SVG 实现的同样的功能，可用于内联（inline）元素（比如 span）和块级（block）元素（比如 div）。它允许旋转、缩放和移动元素，属性值参数包括 rotate、translate、scale、skew、matrix。

1. 旋转 rotate

rotate（<angle>）：通过指定的角度参数对原元素指定一个 2D rotation（2D 旋转），需先有 transform-origin 属性的定义。transform-origin 定义的是旋转的基点，其中 angle 是指旋转角度，如果设置的值为正数，表示顺时针旋转；如果设置的值为负数，则表示逆时针旋转。如 transform: rotate（30deg）的实现效果如图 6-9 所示。

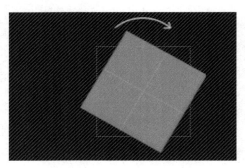

图 6-9　rotate 旋转效果

2. 移动 translate

移动 translate 分为 3 种情况：translate（x,y）水平方向和垂直方向同时移动（X 轴和 Y 轴同时移动）；translateX（x）仅水平方向移动（X 轴移动）；translateY（Y）仅垂直方向移动（Y 轴移动），具体使用方法如下所述。

（1）translate（<translation-value>[, <translation-value>]）：通过矢量[tx，ty]指定一个 2D translation，tx 是第一个过渡值参数，ty 是第二个过渡值参数选项。如果未提供，则 ty 以 0 作为其值。也就是 translate（x,y），表示对象按照设定的 x，y 参数值进行平移，当值为负数时，反方向移动物体。其基点默认为元素中心点，也可以根据 transform-origin 进行改变基点。如 transform: translate（100px,20px）实现的效果如图 6-10 所示。

（2）translateX（<translation-value>）：通过给定一个 X 方向上的数值指定一个 translation，只向 X 轴进行移动元素，同样其基点是元素中心点，也可以根据 transform-origin 改变基点位置。如 transform: translateX（100px）实现的效果如图 6-11 所示。

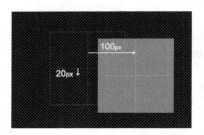

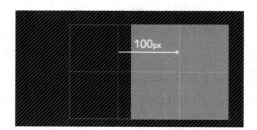

图 6-10　translate 向 X 方向和 Y 方向移动　　　　图 6-11　translate 向 X 方向移动

（3）translateY（<translation-value>）：通过给定 Y 方向的数值指定一个 translation。只向 Y 轴进行移动，基点在元素心点，可以通过 transform-origin 改变基点位置。如 transform: translateY（20px）实现的效果如图 6-12 所示。

3. 缩放 scale

缩放 scale 和移动 translate 是极其相似的，它也具有三种情况：scale（x,y）使元素水平方向和垂直方向同时缩放（也就是 X 轴和 Y 轴同时缩放）；scaleX（x）元素仅水平方向缩放（X 轴缩放）；scaleY（y）元素仅垂直方向缩放（Y 轴缩放）。它们具有相同的缩放中心点和基数，其中心点就是元素的中心位置，缩放基数为 1，如果其值大于 1 元素就放大；反之，其值小于 1，元素缩小。

（1）scale（<number>[, <number>]）：提供执行[sx,sy]缩放矢量的两个参数，指定一个 2D scale（2D 缩放）。如果第二个参数未提供，则取与第一个参数一样的值。scale（X,Y）用于对元素进行缩放，可以通过 transform-origin 对元素的基点进行设置，同样基点在元素中心位置，其中 X 表示水平方向缩放的倍数，Y 表示垂直方向的缩放倍数。Y 是一个可选参数，如果没有设置 Y 值，则表示 X，Y 两个方向的缩放倍数是一样的，并以 X 为准。如 transform: scale（2,1.5）实现的效果如图 6-13 所示。

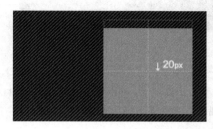

图 6-12　translate 向 Y 方向移动　　　图 6-13　scale 向 X 方向和 Y 方向缩放

（2）scaleX（<number>）：使用[sx,1]缩放矢量执行缩放操作，sx 为所需参数。scaleX 表示元素只在 X 轴（水平方向）缩放元素，默认值是（1,1）。其基点一样是在元素的中心位置，可以通过 transform-origin 来改变元素的基点。如 transform: scaleX（2）实现的效果如图 6-14 所示。

（3）scaleY（<number>）：使用[1,sy]缩放矢量执行缩放操作，sy 为所需参数。scaleY 表示元素只在 Y 轴（垂直方向）缩放元素。其基点同样是在元素中心位置，可以通过 transform-origin 来改变元素的基点。如 transform: scaleY（2）实现的效果如图 6-15 所示。

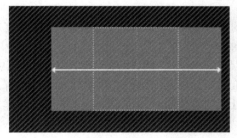
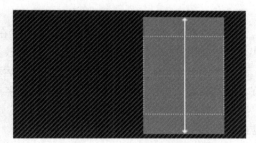

图 6-14　scale 向 X 方向缩放　　　　　图 6-15　scale 向 Y 方向缩放

4．扭曲 skew

扭曲 skew 和 translate、scale 一样同样具有三种情况：skew（x,y）使元素在水平和垂直方向同时扭曲（X 轴和 Y 轴同时按一定的角度值进行扭曲变形）；skewX（x）仅使元素在水平方向扭曲变形（X 轴扭曲变形）；skewY（y）仅使元素在垂直方向扭曲变形（Y 轴扭曲变形），具体使用介绍如下。

（1）skew（<angle> [, <angle>]）：X 轴和 Y 轴上的 skew transformation（斜切变换）。第一个参数对应 X 轴，第二个参数对应 Y 轴。如果第二个参数未提供，则值为 0，也就是 Y 轴方向上无斜切。skew 用于对元素进行扭曲变形，第一个参数是水平方向扭曲角度，第二个参数是垂直方向扭曲角度。第二个参数是可选参数，如果没有设置第二个参数，那么 Y 轴为 0deg。以元素中心为基点，也可以通过 transform-origin 来改变元素的基点位置。如 transform: skew（30deg,10deg）实现的效果如图 6-16 所示。

（2）skewX（<angle>）：按给定的角度沿 X 轴指定一个 skew transformation（斜切变换）。skewX 是使元素以其中心为基点，在水平方向（X 轴）进行扭曲变形，同样可以通过 transform-origin 来改变元素的基点。如 transform: skewX（30deg）实现的效果如图 6-17 所示。

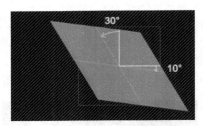

图 6-16　skew 向 X 方向和 Y 方向扭曲

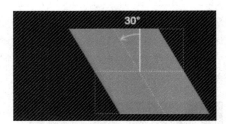

图 6-17　skew 向 X 方向扭曲

（3）skewY（＜angle＞）：按给定的角度沿 Y 轴指定一个 skew transformation（斜切变换）。skewY 用来设置元素以其中心为基点按给定的角度在垂直方向（Y 轴）扭曲变形，同样可以通过 transform-origin 来改变元素的基点。如 transform：skewY（10deg）实现的效果如图 6-18 所示。

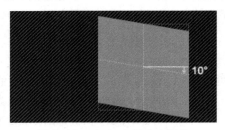

图 6-18　skew 向 Y 方向扭曲

5．transform-origin（X,Y）改变基点

上述属性和图片都是在默认变形的中心位置在元素的正中心点位置进行的，如果要实现更加复杂的效果，可以使用 CSS 属性 transform-origin 来改变变形的基点。

transform-origin（X,Y）用来设置元素的运动的基点（参照点），默认点是元素的中心点。其中 X 和 Y 的值可以是百分值、像素等， X 也可以是字符参数值 left、center、right；Y 和 X 一样除了百分值外，还可以设置为字符值 top、center、bottom。这个看上去有点像 background-position 设置一样，相对应的写法如下。

（1）top left | left top　等价于 0 0 | 0% 0%。

（2）top | top center | center top 等价于 50% 0。

（3）right top | top right　等价于 100% 0。

（4）left | left center | center left 等价于 0 50% | 0% 50%。

（5）center | center center 等价于 50% 50%（默认值）。

（6）right | right center | center right 等价于 100% 50%。

（7）bottom left | left bottom 等价于 0 100% | 0% 100%。

（8）bottom | bottom center |center bottom 等价于 50% 100%。

（9）bottom right | right bottom 等价于 100% 100%。

其中 left、center、right 是水平方向取值，对应的百分值分别为 left=0%、center=50%、right=100%；top、center、bottom 是垂直方向的取值，其中 top=0%、center=50%、bottom=100%，如果只取一个值，表示垂直方向值不变。

例如 transform-origin：left top 可以实现左上角为变形基点，如图 6-19 所示。

例如 transform-origin：right 可以实现以右边中间位置为变形基点，如图 6-20 所示。

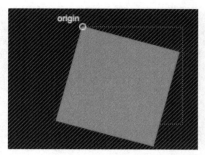

图 6-19　左上角为变形基点

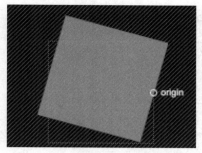

图 6-20　右边中间位置为变形基点

6. transform 应用特效举例

应用变形来实现一些特殊效果，介绍如下。

（1）相册展示功能

相册展示的主要目的就是让照片不是平铺，而是多点效果，其代码如下。

```html
<!DOCTYPE html>
<html>
<head lang="en">
    <meta charset="UTF-8">
    <title>Transform基础用法</title>
    <style type="text/css">
        div {
            margin: 30px auto;
            width: 400px;
            height: 300px;
            background-color: aquamarine;
            text-align: center;
            float: left;
        }
        /* CSS 表达式（函数）*/
        #trans-1 {
            transform: rotate(-10deg);
            background-color: rgba(0,0,0, 0,5);
            background-image: url("../image/woniufamily.png");
        }
        #trans-2 {
            transform: skewX(-20deg);
            background-image: url("../image/videoonline.png");
        }
        #trans-3 {
            transform: rotate(-15deg);
            background-image: url("../image/sights.jpg");
        }

    </style>
</head>
<body>
```

```
    <div id="trans-1"></div>
    <div id="trans-2"></div>
    <div id="trans-3"></div>
</body>
</html>
```

上述代码的运行效果如图 6-21 所示。

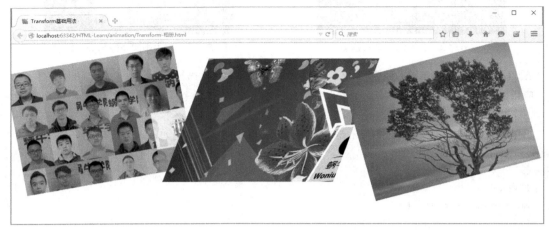

图 6-21　简单的相册

（2）与 animation 结合

利用 animation 和 transform 结合，实现一个图片的快速旋转，代码如下。

```
<!DOCTYPE html>
<html>
<head lang="en">
    <meta charset="UTF-8">
    <title></title>
    <style type="text/css">
        #trans-1 {
            margin: 100px;
            width: 400px;
            height: 200px;
            background-color: aquamarine;
            text-align: center;
            background-image: url("image/videoonline.png");
            animation: rotateit 5s;
        }

        @keyframes rotateit {
            from {}
            to { transform: rotate(-3380deg) }   /* 旋转3380度 */
        }
    </style>
</head>
<body>
```

```
    <div id="trans-1"></div>
</body>
</html>
```

上述代码的运行过程中，该 DIV 在 5s 的时间内快速旋转了 3380°。关于 animation 和 transform 的结合还有很多可能，将在后续的练习中介绍。上述代码的实现效果如图 6-22 所示。

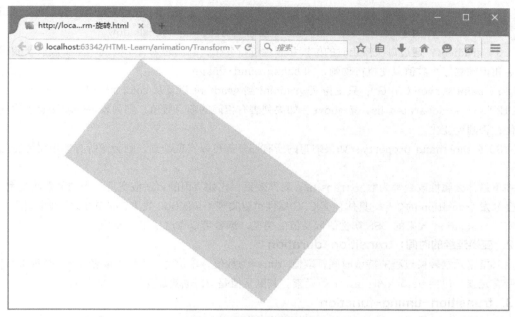

图 6-22　快速旋转的矩形

6.1.3　transition

transition 允许 CSS 的属性值在一定的时间区间内平滑过渡，这种效果可以在鼠标单击、获得焦点、被单击或元素有任何改变时触发，并圆滑地以动画效果改变 CSS 的属性值。transition 主要包含下述 4 个属性值。

1. 执行变换的属性：transition-property

用来指定当元素其中一个属性改变时执行 transition 效果，其主要有 none（没有属性改变）、all（所有属性改变其默认值）、indent（元素属性名）几个取值。当其值为 none 时，transition 马上停止执行；当指定为 all 时，则元素产生任何属性值变化时都将执行 transition 效果；indent 可以指定元素的某一个属性值。其对应的类型如下。

（1）color：通过红、绿、蓝和透明度组件变换，如 background-color、border-color、color、outline-color 等 CSS 属性。

（2）length：真实的数字，如 word-spacing、width、vertical-align、top、right、bottom、left、padding、outline-width、margin、min-width、min-height、max-width、max-height、line-height、height、border-width、border-spacing 及 background-position 等属性。

（3）percentage：真实的数字，如 word-spacing、width、vertical-align、top、right、bottom、left、min-width、min-height、max-width、max-height、line-height、height 及 background-position 等属性。

（4）integer：离散步骤（整个数字），在真实的数字空间以及使用 floor() 转换为整数时发生，如 outline-offset、z-index 等属性。

（5）number 真实的（浮点型）数值，如 zoom、opacity、font-weight 等属性。

（6）transform list：详情请参阅《CSS3 Transform》。

（7）rectangle：通过 x、y、width 和 height（转为数值）变换，如 crop。

（8）visibility：离散步骤，在 0 到 1 数字范围之内，0 表示"隐藏"，1 表示完全"显示"，如 visibility。

（9）shadow：作用于 color、x、y 和 blur（模糊）属性，如 text-shadow。

（10）gradient：通过每次停止时的位置和颜色进行变化，它们必须有相同的类型（放射状的或是线性的）和相同的停止数值以便执行动画，如 background-image。

（11）paint server（SVG）：只支持从 gradient 到 gradient 以及从 color 到 color。

（12）space-separated list of above：如果列表有相同的项目数值，则列表每一项按照上述规则进行变化，否则无变化。

（13）a shorthand property：如果缩写的所有部分都可以实现动画，则会像所有单个属性变化一样变化。

并不是什么属性改变都为触发 transition 动作效果，比如页面的自适应宽度，当浏览器改变宽度时，并不会触发 transition 的效果。具体什么 CSS 属性可以实现 transition 效果，在 W3C 官网中列出了所有可以实现 transition 效果的 CSS 属性值以及值的类型，读者可以点这里了解详情。

2. 变换延续的时间：transition-duration

用来指定元素转换过程的持续时间，取值 <time> 为数值，单位为 s（秒）或者 ms（毫秒），可以作用于所有元素，包括 before 和 :after 伪元素。其默认值是 0，也就是变换时是即时的。

3. transition-timing-function

允许根据时间的推进去改变属性值的变换速率，其取值与作用与 animation 属性一致。

4. 变换延迟时间：transition-delay

用来指定一个动画开始执行的时间，指定当改变元素属性值后多长时间开始执行 transition 效果，其取值 <time> 为数值，单位为 s（秒）或者 ms（毫秒），其使用方法和 transition-duration 极其相似，也可以作用于所有元素，包括 before 和 :after 伪元素。默认大小是 0，也就是变换立即执行，没有延迟。

有时不只想改变一个 CSS 效果的属性，而想改变两个或者多个 CSS 属性的 transition 效果，那么只要把几个 transition 的声明串在一起，用逗号（","）隔开，然后各自可以有各自不同的延续时间和速率变换方式。但值得注意的一点是，transition-delay 与 transition-duration 的值都是时间，所以要区分它们在连写中的位置，一般浏览器会根据先后顺序决定，第一个可以解析为时间的取值为 transition-duration，第二个可以解析为 transition-delay。

transition 的组合属性效果如图 6-23 所示。

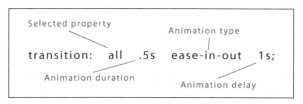

图 6-23　transition 组合属性

对 transition 的使用方法和各属性的取值及作用有所了解后，现在介绍一个具体的实例，实现鼠标悬停时 DIV 的宽度和高度从 100px 变为 400px，并且实现的效果是平滑过渡，代码如下。

```html
<!DOCTYPE html>
<html>
<head lang="en">
    <meta charset="UTF-8">
    <title></title>
    <style>
        div
        {
            width:100px;
            height:100px;
            background:blue;
            transition:all 2s;
        }

        div:hover
        {
            width:300px;
            height: 300px;
            background-color: #ff7448;
        }
    </style>
</head>
<body>
    <div></div>
</body>
</html>
```

6.2 响应式布局

6.2.1 响应式布局简介

V6-4 响应式布局

响应式布局（Responsive Layout）是 Ethan Marcotte 在 2010 年 5 月提出的一个概念，简而言之，就是一个网站能够兼容多个终端，而不是为每个终端做一个特定的版本。这个概念是为适应移动互联网浏览而诞生的。

响应式布局可以为不同终端的用户提供更加舒适的界面和更良好的用户体验，而且随着目前大屏幕移动设备的普及，用"大势所趋"来形容也不为过。随着越来越多的设计师采用这个技术，不仅看到了很多的创新，还看到了一些成形的模式。

响应式布局的优点如下所述。

（1）面对不同分辨率设备灵活性强。

（2）能够快捷解决多设备显示适应问题。

当然，有优点必然也会有其缺点，如下所述。

（1）兼容各种设备工作量大，效率低下。

（2）代码累赘，会出现隐藏无用的元素，加载时间加长。

其实响应式布局是一种折中性质的设计解决方案，受多方面因素影响而达不到最佳效果，一定程度上改变了网站原有的布局结构，会出现用户混淆的情况。例如蜗牛学院原创博客系统的响应式布局最后实现的效果，在 PC 端看到的效果如图 6-24 所示。

图 6-24　PC 端的原创博客效果

使用手机端来查看，同样是博客的首页，但效果如图 6-25 所示。

图 6-25　手机端原创博客效果

6.2.2　媒体查询

在实际项目中应该怎么去设计响应式布局呢？以往设计网站都会受到不同浏览器的兼容性的困扰，对于不同尺寸设备，该怎么处理呢？有需求就会有解决方案，说到响应式布局，就不得不提起 CSS 3 中的 Media Query（媒介查询），该功能易用、强大、快捷。Media Query 是制作响应式布局的一个利器，使用这个工具，可以非常方便快捷地制造出各种丰富且实用性强的界面。

1. 什么是 Media Query（媒体查询）

媒体查询可以让开发人员根据设备显示器的特性（如视口宽度、屏幕比例、设备方向为横向或纵向）为其设定 CSS 样式，由媒体类型和一个或多个检测媒体特性的条件表达式组成。媒体查询中可用于检测的媒体特性有 width、height 和 color 等。使用媒体查询，可以在不改变页面内容的情况下，为一些特定的输出设备定制显示效果。

媒体查询通过不同的媒体类型和条件定义样式表规则，让 CSS 可以更精确地作用于不同的媒体类型和同一媒体的不同条件。

2. 媒体查询能够获取哪些值

（1）width：浏览器可视宽度。

（2）height：浏览器可视高度。

（3）device-width：设备屏幕的宽度。

（4）device-height：设备屏幕的高度。

（5）orientation：检测设备目前处于横向还是纵向状态。

（6）aspect-ratio：检测浏览器可视宽度和高度的比例（例如 aspect-ratio: 16/9）。

（7）device-aspect-ratio：检测设备的宽度和高度的比例。

（8）color：检测颜色的位数（例如 min-color: 32 就会检测设备是否拥有 32 位颜色）。

（9）color-index：检查设备颜色索引表中的颜色，值不能是负数。

（10）monochrome：检测单色帧缓冲区域中的每个像素的位数。

（11）resolution：检测屏幕或打印机的分辨率（例如 min-resolution: 300dpi min-resolution: 118dpcm）。

（12）grid：检测输出的设备是网络的还是位图设备。

3. 语法结构及实例

媒体查询的基本语法结构如下。

@media 设备名 only（选取条件）not（选取条件）and（设备选取条件），设备二{sRules}。

实例 1：在 link 中使用 @media，代码如下。

```
<link rel="stylesheet" type="text/css" media="only screen and (max-width: 800px),
only screen and (max-device-width: 800px)" href="link.css" />
```

上述代码中 only 可省略，限定于计算机显示器，第一个条件 max-width 是指渲染界面最大宽度，第二个条件 max-device-width 是指设备最大宽度。上述媒体查询语句表示当屏幕的最大宽度和设备分辨率的最大宽度为 800 像素时，导入 link.css 样式文件。

实例 2：在样式表中内嵌 @media，代码如下。

```
<style>
    @media screen and (min-width: 720px) {
        div {
            border: solid 5px red;
            font-size: 20px;
        }
    }
</style>
```

上述代码表示，当分辨率大于或等于 720 像素的时候，将 DIV 加上边框，并且设置字体大小为相对字体大小 1em。

实例 3：设置 meta 标签用于初始化页面，代码如下。

```
<meta name="viewport" content="width=device-width, initial-scale=1, minimum-scale=1,
maximum-scale=1, user-scalable=no">
```

参数解释如下。

① width=device-width：宽度等于当前设备宽度。

② initial-scale=1：初始缩放比例，默认为 1。

③ minimum-scale=1：允许用户缩放到的最小比例，默认为 1。

④ maximum-scale=1：允许用户缩放到的最大比例，默认为 1。

⑤ user-scalabel=no：用户是否可以手动缩放，默认设置为 no，表示不希望用户缩放页面。

4．综合运用

PC 端的显示器是横向布局，即屏幕分辨率的宽度要大于高度，比如 1440*900 的分辨率，1440 是宽度，900 是高度。而在手机端则刚好相反，即宽度要小于高度，如 1920*1080 的分辨率，1920 是高度，而 1080 是宽度。所以，同一个页面，在手机端和 PC 端需要实现不同的布局以更好地适应屏幕。

如下实例演示了一个简单的 PC 和手机端自适应的响应式布局效果。PC 端显示器一行上显示了四格，是横向布局；当屏幕分辨率的宽度低于 1080 时，认为是在手机端访问，则将一行四列调整为二行二列。代码如下。

```html
<!DOCTYPE html>
<html>
<head lang="en">
    <meta charset="UTF-8">
    <title>响应式布局</title>
    <style>
        @media screen and (min-width: 1080px) {
            .outer {
                width: 1208px;
                height: 302px;
                border: solid 5px red;
                margin: 0 auto;
            }
            .inner {
                width: 300px;
                height: 300px;
                border: dashed 1px blue;
                float: left;
                text-align: center;
                line-height: 300px;
                font-size: 40px;
            }
        }
        @media screen and (max-width: 1080px) {
            .outer {
```

```
            width: 100%;
            min-width: 404px;
            height: 604px;
            border: solid 5px red;
            margin: 0 auto;
        }
        .inner {
            width: 49.5%;
            height: 300px;
            border: dashed 1px blue;
            float: left;
            min-width: 200px;
            text-align: center;
            line-height: 300px;
            font-size: 30px;
        }
    }
    </style>
</head>
<body>
    <div class="outer">
        <div class="inner">1</div>
        <div class="inner">2</div>
        <div class="inner">3</div>
        <div class="inner">4</div>
    </div>
</body>
</html>
```

上述代码在 PC 端浏览器的运行效果如图 6-26 所示。

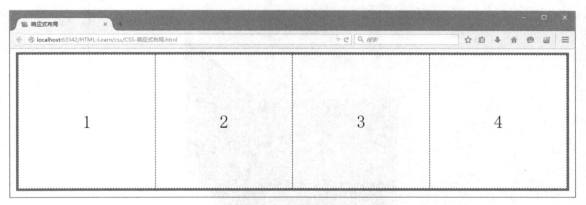

图 6-26　PC 端显示效果

使用分辨率宽度低于 1080 像素的手机访问，或将浏览器窗口宽度调整为低于 1080 像素时，看到的效果将转变为图 6-27 所示的效果。

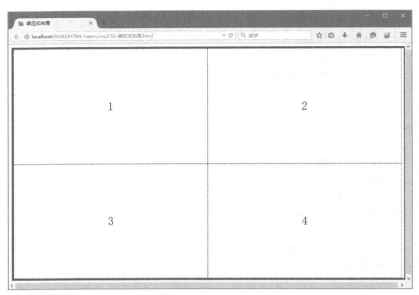

图 6-27　手机端显示效果

V6-5　立方体

6.3　项目实战

6.3.1　实现一个立方体

　　由于 HTML 页面都是平面，并没有提供标准的立方体解决方案，就像在一张 A4 纸上不可能绘制出一个标准的立方体，只能通过二维平面的视觉效果来模拟一个立方体效果，如图 6-28 所示。

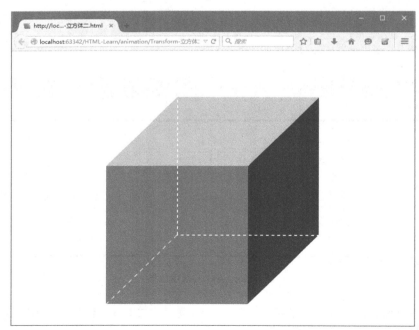

图 6-28　立方体

毫无疑问,上图中这个立方体只是一个视觉上的 3D 图像,要利用一个平面图来模拟这个 3D 图像,必然使用到 transform 的扭曲(skew)属性以及精确的位移,甚至还需要一些三角形计算的知识和其他一个标准的 CSS 属性。具体实现的过程如下。

(1)首先准备三个 DIV,并且颜色不能一样,从而构成 3D 图形的三个面,分别为正面,上面和右面。上面一个 DIV,下面两个 DIV,为了更精确地控制位置,可以使用绝对定位。初步设置效果如图 6-29 所示。

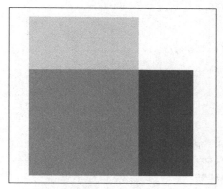

图 6-29　立方体三面初始布局

(2)正面是一个正方形;上面需要让 DIV 向右沿 X 方向扭曲,需要使用 skewX;右面需要让 DIV 向上沿 Y 方向扭曲,需要使用 skewY。

(3)由于 DIV 的扭曲变形默认是沿中心点进行扭曲的,所以一旦执行扭曲后,上面和右面的位置将无法完全与下面的正方形对齐,所以还需要对其位置进行调整。

(4)设置三条虚线,其中两条可对一个正方形 DIV 的左边和底边设置边框,另一条斜的虚线则仍然需要对一个 DIV 使用 transform 的 rotate 进行旋转,进而再对其位置进行调整。

(5)最后进行微调,一个立方体就会出现。

读者可以沿此思路先自己先实践一遍,以便对 CSS 的属性有更清晰的理解。具体实现代码如下。

```html
<html>
<head lang="en">
    <meta charset="UTF-8">
    <title></title>
    <style>
        #top {
            width: 300px;
            height: 150px;
            background-color: lightgreen;
            position: fixed;
            top: 100px;
            left: 475px;
            transform: skewX(-45deg);
        }
        #left {
            width: 300px;
            height: 300px;
            background-color: orangered;
            position: fixed;
```

```
        top: 250px;
        left: 400px;
    }
    #right {
        width: 150px;
        height: 300px;
        background-color: purple;
        position: fixed;
        top: 175px;
        left: 700px;
        transform: skewY(-45deg);
    }
    #dash1 {
        width: 300px;
        height: 300px;
        position: fixed;
        border-width: 0 0 2px 2px;
        border-color: white;
        border-style: dashed;
        left: 550px;
        top: 100px;
    }
    #dash2 {
        width: 150px;
        height: 0px;
        position: fixed;
        left: 400px;
        top: 475px;
        border-bottom: 2px dashed white;
        transform: skewY(-45deg);
    }
    </style>
</head>
<body>
    <div id="top"></div>
    <div id="left"></div>
    <div id="right"></div>
    <div id="dash1"></div>
    <div id="dash2"></div>
</body>
</html>
```

上述代码中使用了绝对定位，这里使用绝对定位不是必须的，实例代码主要是考虑到接下来的一个实战。

V6-6 立方体动画

6.3.2　实现立方体运动

　　6.3.1 小节已经实现了一个立方体，本小节将基于该立方体实现一个动画效果，完成由 3 个 DIV 动态组合为立方体的动画过程。

　　根据题意，要实现一个动态组合为立方体的过程，必然需要使用 animation；同时，既然是动态组合，那么必然最开始 3 个 DIV 是分散在各处的，通过动画运行的效果慢慢组合而成；另外，组合完成后，还需要设置 animation-fill-mode 为 forwards，这样才可以和保持住这个立方体。

由于立方体是位于页面大约中间的位置（通过 6.3.1 小节的实战中使用绝对定位可以得出该结论），可以设置最开始 DIV 的位置为任意位置，甚至设置为隐藏在浏览器窗口之外，实现突然飞入的效果（类似于 PPT 当中的动画特效）。要实现隐藏在浏览器窗口之外，只需要设置 DIV 的定位为负数或超过浏览器宽度的一个大值，比如 top：-300px（表示距离顶部-300px，那么该 DIV 将隐藏中浏览器顶部）、left：2000px（如果浏览器的宽度低于 2000 像素，那么相当于该 DIV 位于浏览器窗口的右侧不可见区域里）；然后通过 "@keyframes" 来修改定位属性，让 DIV 慢慢出现即可。

具体的实现代码如下。

```html
<html>
<head lang="en">
    <meta charset="UTF-8">
    <title></title>
    <style>
        #top {
            width: 300px;
            height: 150px;
            background-color: lightgreen;
            position: fixed;
            animation: movetop 5s forwards;
            top: -200px;
            left: -200px;
        }
        @keyframes movetop {
            0%{}
            100%{
                top: 100px;
                left: 475px;
                transform: skewX(-45deg);
            }
        }

        #left {
            width: 300px;
            height: 300px;
            background-color: orangered;
            position: fixed;
            top: 550px;
            left: 0px;
            animation: moveleft 5s forwards;
        }
        @keyframes moveleft {
            0%{}
            100%{
                top: 250px;
                left: 400px;
                transform: rotate(1800deg);
            }
        }
```

```css
        #right {
            width: 150px;
            height: 300px;
            background-color: purple;
            position: fixed;
            top: 775px;
            left: 1700px;
            animation: moveright 5s forwards;
        }
        @keyframes moveright {
            0%{}
            100%{
                top: 175px;
                left: 700px;
                transform: skewY(-45deg);
            }
        }
        #dash1 {
            width: 300px;
            height: 300px;
            position: fixed;
            border-width: 0 0 2px 2px;
            border-color: white;
            border-style: dashed;
            left: 550px;
            top: 100px;
        }
        #dash2 {
            width: 150px;
            height: 0px;
            position: fixed;
            left: 400px;
            top: 475px;
            border-bottom: 2px dashed white;
            transform: skewY(-45deg);
        }
    </style>
</head>
<body>
    <div id="top"></div>
    <div id="left"></div>
    <div id="right"></div>
    <div id="dash1"></div>
    <div id="dash2"></div>
</body>
</html>
```

上述代码看上去比较复杂，其实无非就是基于 6.3.1 小节的实战项目代码修改了 DIV 的初始位置，添加了 3 个关键帧动画而已，并且动画的最终 100%的关键帧就是 6.3.1 小节中立方体的初始位置。

第7章

JavaScript程序设计

学习目标：

（1）充分理解JavaScript语法规则，包括输入与输出、变量与数据类型、控制结构等。

（2）熟练运用JavaScript的数组并能够独立完成一些基础算法的实现。

（3）熟练运用JavaScript的函数定义、调用和参数传递以及递归调用。

（4）熟练运用JavaScript来进行可重用的代码开发。

（5）熟练运用JavaScript的字符串对象处理各种字符串相关问题。

本章导读：

■ 本章主要讲解JavaScript的基本语法，包括变量与数据类型、代码的控制结构、数组的处理及相关的算法介绍、函数的定义与使用。同时，对于程序设计中使用频率非常高的字符串，本章也将通过大量篇幅来进行讲解，并结合练习强化学习效果。

■ 通过对本章的学习，读者可以对程序设计有一个初步的理解，为后续的其他程序设计语言学习打好基础，因为在绝大部分问题上，无论什么编程语言，处理的方式和思路都是一样的，区别仅在于语法规则上的轻微差异而已。事实上，本章所涉及的内容，是所有程序设计语言都需要使用到的最基础也最核心的内容。

7.1　语法基础

7.1.1　JavaScript 简介

1. Java Script 的发展

JavaScript 是在 1995 年，由 Netscape 公司的 Brendan Eich 在网景导航者浏览器上首次设计实现的。因为 Netscape 与 Sun 合作，Netscape 管理层希望它外观看起来像 Java，因此取名为 JavaScript。但事实上，JavaScript 与 Java 是两种完全不同的语言，无论在概念上还是设计上，Java（由 Sun 发明）都是更复杂的编程语言。当然，Java 目前的应用领域要远多于 JavaScript，此处不做讨论。

JavaScript 是一种直译式脚本语言，是一种动态类型、弱类型、基于原型的语言，内置支持类型。它的解释器称为 JavaScript 引擎，为浏览器的一部分，是广泛用于客户端的脚本语言，最早是在 HTML（标准通用标记语言下的一个应用）网页上使用，用来给 HTML 网页增加动态功能。其实，不同的浏览器内核脚本引擎，在对 JavaScript 脚本的解析和处理时的速度和性能很大程度上影响着浏览器的受欢迎程度。目前在 JavaScript 脚本引擎上，Google 的支持应该说是最好的。

JavaScript 是 Web 前端开发人员必须学习的如下 3 门技能中最重要的一门，另外两门分别是 HTML 定义网页的内容、CSS 描述网页的布局。

JavaScript 是互联网上最流行的脚本语言，这门语言可用于 HTML 和 Web，更可广泛用于服务器、个人计算机、笔记本电脑、平板电脑和智能手机等设备。

2. JavaScript 的特点

JavaScript 脚本语言具有以下特点。

（1）脚本语言。JavaScript 是一种解释型的脚本语言。C、C++等语言先编译后执行，而 JavaScript 是在程序的运行过程中逐行进行解释。

（2）基于对象。JavaScript 是一种基于对象的脚本语言，它不仅可以创建对象，也能使用现有的对象。

（3）简单。JavaScript 语言中采用的是弱类型的变量类型，对使用的数据类型未做出严格的要求，是基于 Java 基本语句和控制的脚本语言，其设计简单紧凑。

（4）动态性。JavaScript 是一种采用事件驱动的脚本语言，它不需要经过 Web 服务器就可以对用户的输入做出响应。在访问一个网页时，鼠标指针在网页中进行单击或上下移、窗口移动等操作时，JavaScript 都可直接对这些事件给出相应的响应。

（5）跨平台性。JavaScript 脚本语言不依赖于操作系统，仅需要浏览器的支持。因此，一个 JavaScript 脚本在编写后可以带到任意机器上使用，前提是机器上的浏览器支持 JavaScript 脚本语言。目前 JavaScript 已被大多数的浏览器所支持。

不同于服务器端脚本语言，例如 PHP 与 ASP，JavaScript 主要作为客户端脚本语言在用户的浏览器上运行，不需要服务器的支持。所以在早期程序员比较青睐于 JavaScript 可以减少对服务器的负担，而与此同时也带来安全性问题。

随着服务器的强壮，虽然程序员更喜欢运行于服务端的脚本以保证安全，但 JavaScript 仍然以其跨平台、容易上手等优势大行其道。同时，有些特殊功能（如 AJAX）必须依赖 JavaScript 在客户端进行支持。随着引擎（如 V8）和框架（如 Node.js）的发展，及其事件驱动和异步 IO 等特性，JavaScript 逐渐被用来编写服务器端程序。

3. JavaScript 的用法

（1）HTML 中的脚本必须位于<script>与</script>标签之间。

（2）脚本可被放置在 HTML 页面的<body>和<head>部分中。

如下为最简单的一个 JavaScript 程序。

```
<script>
    alert("我的第一个 JavaScript");
</script>
```

将此段代码插入 HTML 文档的 head 或 body 中，读者可以试着打开浏览器运行，看看结果是什么。

7.1.2 输入与输出

1. 输入与输出

V7-1 基本语法
规则

程序的目的是为了实现与用户的交互，要进行交互，必然会牵涉到输入与输出。使用 window.prompt()可以接收用户的输入，输出则分以下 4 种方式。

（1）使用 window.alert()弹出警告框。

（2）使用 document.write()方法将内容写到 HTML 文档中。另外也可以用 document.writeln()将内容写入 HTML 文档，而且它会自动加上一个换行符。不过，由于 HTML 文档使用
作为换行符，所以并不能真正用它来换行。

另外需要特别注意的一点是，document.write 或 document.writeln 往 HTML 文档写入内容时，会覆盖掉文档里面已经被渲染完成的元素，所以通常用这些方法来调试页面用，在真实的网页使用中很少会使用到该方法往页面中输入内容，而是选择下面第 3 种方式。

（3）使用 innerHTML 写入 HTML 元素中，比如 DIV 中。

（4）使用 console.log()写入浏览器的控制台。在浏览器中（Chrome、IE、Firefox）使用 F12 键启用调试模式，在调试窗口中单击"Console（控制台）"菜单即可。

本小节主要是利用 document.write()来完成内容的输出，例如以下代码，请注意代码中的注释。

```
<!DOCTYPE html>
<html>
<head lang="en">
    <meta charset="UTF-8">
    <title></title>
    <script type="text/javascript">
        /* 在JavaScript中，使用//或/* */
        /* 来对代码进行注释，注释不会被当成代码来执行 */
        // 每行代码后面尽量加上分号，养成良好的编程习惯

        // 定义变量content，接收用户输入的内容:
        var content = window.prompt("请输入你的内容:");
        // 利用三种方式输出变量content的值:
        window.alert("你输入的内容是: " + content);
        document.write("你输入的内容是: " + content);
        console.log("你输入的内容是: " + content);
    </script>
</head>
<body>

</body>
</html>
```

针对上述代码，正式开始运行的第一行代码是："**var content** = prompt("请输入你的内容:");"，这行代码运行效果如图 7-1 所示。

图 7-1　prompt 函数提示用户输入

这个时候，用户在提示框里面任意输入一段内容，例如输入"你好，欢迎学习 JavaScript"，此时该内容将赋值给变量 content，那么 content 这个变量里面就会保存着用户输入的这段内容。后面的三行输出代码便是将该变量的值输出到页面上，第一行输出代码的运行结果如图 7-2 所示，可以看到，window.alert()函数输出是以一个对话框的形式将内容展现在页面上的。

图 7-2　使用 window.alert()输出内容

第二行输出代码 document.write()的输出结果，如图 7-3 所示，直接将内容打印在浏览器窗口中。

图 7-3　使用 document.write()输出内容

第三行输出代码的输出结果，如图 7-4 所示。

可以看到，使用 console.log()的方式输出内容，内容并不会直接出现在浏览器窗口中，而是以调试日志的方式出现，需要使用开发人员工具（按快捷键 F12 即可调出）才能查看到该输出。

2．编辑规则

基于上述代码，介绍在 JavaScript 中常见的编程规则如下。

（1）//：双斜线，表示注释一行内容，备注不能换行。

（2）/* 备注内容 */：表示注释一段内容，可以对注释内容进行换行。

（3）var：JavaScript 关键字，用于定义一个变量，是 variable 的简写。

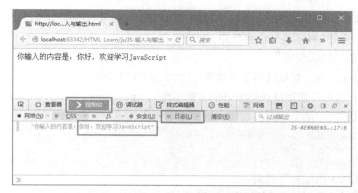

图 7-4　使用 console.log()输出内容

（4）变量的名称可以自己随便写，但是通常会遵守一定的约定，即驼峰规则（Camel Rule)。

驼峰规则分为大驼峰和小驼峰两种，如 HelloWoniuxy、JavaScriptBasicStudy 这种风格的名称称为大驼峰，即每一个单词的首字母都大写；而像 myNameIsQiang，javascriptDemo 这种名称则称为小驼峰，即首字母小写，后续的每个单词的首字母都大写。这样的命名规则在很多编程语言中都遵循，如 Java 等。

（5）变量命名规则：

① 尽量不使用全拼，因为中文的全拼代表着多重意义，名称无法准确表达其意义，如 yinyue 这个全拼，可表示为音乐、隐约、银月等，显然，如果要表示音乐，用英文单词 music 会更加清晰。

② 尽量少用数字和特殊符号，并且 JavaScript 不支持以数字作为变量名称的开头，也不支持包含特殊符号，唯一例外的是下划线。

③ 尽量避免随意简写，以使代码可读性更强。比如 JavaScriptBasicStudy 这样的名称，如果简写为 jsbs 就没有任何意义，代码的可读性将会变差。

（6）每行代码都会以分号 “;” 结束，虽然在 JavaScript 中并不强制要求以分号结束一行代码，但是为了更好的习惯其他编程语言，如 C、C++、Java、PHP 等，建议加分号。

（7）在 JavaScript 中，变量是区分大小写的，比如变量 JavaScript 与变量 javascript 是两个不同的变量。

（8）所有字符串双引号、结束的分号、单引号等都必须是英文半角状态下的字符，否则代码将无法正常识别和处理，会导致错误。

通常情况下，每个团队都会定义一些自己的代码风格，一定要遵守这些规则。在一个团队的开发任务中，统一的规范、流程是非常重要的。在团队作战中，个人英雄主义可能会导致很多无效的沟通成本，可能增加代码出错的风险。

7.1.3　变量与数据类型

1. 变量

变量的作用就是临时保存一个值，在后续的程序当中可以继续使用，只需要输入变量的名称，程序在运行的时候就可以得到这个变量对应的值。如果不使用变量，很多程序的处理或计算将无法正常进行。

V7-2　类型与
运算符

变量就像中学阶段学习的代数那样，示例如下。

```
x=5        // 给变量X赋值为5
y=6        // 给变量y赋值为6
z=x+y      // 给变量z赋值为5+6=11
```

代数中使用字母（比如 x）来保存值（比如 5），例如上述表达式 z=x+y 能够计算出 z 的值为 11，在 JavaScript 中，这些字母称为变量。变量除了存储类似上面的 x 或 y 的这种数字外，还可以存储字符串，如 name = "蜗牛学院"，在 JavaScript 中，字符串需要加上双引号，否则会被当成是一个变量，比如代码"你好 = 1000"，"你好"并不是一个字符串，而是代表一个变量，它的值为数字 1000。把形如"1000"、"你好"这类具体的值叫做字面量。

与代数一样，JavaScript 变量可用于存放值（比如 x=5）和表达式（比如 z=x+y）。变量可以使用短名称（比如 x 和 y），也可以使用描述性更好的名称（比如 age、sum、totalvolume）。

定义变量的时候，可以加上 var 关键字。例如如下代码。

```
var pi=3.14;    // 定义变量pi，并对其赋值：3.14
var person="John Doe";
var answer='Yes I am!';
```

当然，也可以不加，例如如下代码。

```
pi=3.14;        // 定义变量pi，并对其赋值：3.14
person="John Doe";
answer='Yes I am!';
```

虽然语法是都是允许的，但是加上 var 和不加 var 代表的意义是不一样的。不加 var，表示这个变量是一个全局变量，在当前的<script>语句块中均有效；加上 var，则该变量的作用范围只适用于当前代码块。

2．数据类型

JavaScript 中具备如下数据类型。

（1）字符串（String）：如 name = "蜗牛"，或 phone = "13812345678"等。

（2）数字（Number）：如 temp = −20， salary = 10000，或 weight = 61.5，可为整数或小数、正数或负数。

（3）布尔（Boolean）：取值只有 true 和 false 两个，表示真和假，通常用于判断某个条件。

（4）数组（Array）：表示一组数据的集合，如 var array = [111,222,345,true,24.5,"你好"]

（5）对象（Object）：表示一种自定义的数据类型，可以通过属性来描述对象的特征，也可以定义对象的行为来描述对象的动作，利用花括号来进行声明和定义，如 var person={firstname:"John", lastname:"Doe", id:5566};

（6）空（Null）：变量的值为空，用于清空变量，清空内存。

（7）未定义（Undefined）：表示该变量不含有任何值，连 Null 值都没有。

3．定义变量

使用关键字 new 可以定义一个变量，例如如下代码。

```
var carname = new String;
var x =  new Number;
var y =  new Boolean;
var cars =  new Array;
var person = new Object;
```

4．变量运算

设变量 y = 5，相关的数学运算如表 7-1 的结果。

表 7-1　数学运算符

运算符	描述	例子	x 运算结果	y 运算结果
+	加法	x=y+2	7	5
−	减法	x=y−2	3	5
*	乘法	x=y*2	10	5
/	除法	x=y/2	2.5	5
%	取模（余数）	x=y%2	1	5

续表

运算符	描述	例子	x 运算结果	y 运算结果
++	自增	x=++y	6	6
		x=y++	5	6
——	自减	x=--y	4	4
		x=y--	5	4

赋值运算（x=10， y = 5)如表 7-2 所示。

表 7-2　赋值运算符

	例子	等同于	运算结果
=	x=y		x=5
+=	x+=y	x=x+y	x=15
—=	x—=y	x=x—y	x=5
*=	x*=y	x=x*y	x=50
/=	x/=y	x=x/y	x=2
%=	x%=y	x=x%y	x=0

以上所有运算通常适用于数字类型的变量。但是有一个运算符比较特别，如+（加号），例如如下代码示例。

```
<!DOCTYPE html>
<html>
<head lang="en">
    <meta charset="UTF-8">
    <title>JS字符串连接</title>
    <script type="text/javascript">
        var string = "HelloWoniu";
        var number1 = 12345;
        var number2 = 10000;
        var number3 = "56789";

        document.write(string + number1);              // HelloWoniu12345
        document.write("<br>");                          // 在页面中输出一个换行符
        document.write(number1 + number2);              // 22345
        document.write("<br>");
        document.write(number1 + number2);                      // 22345
        document.write("<br>" + number1 + number2);             // 1234510000
        document.write("<br>" + (number1 + number2) + "<br>");  // 22345
        document.write(number2 + number3 + "<br>");             // 1000056789
        document.write(number2 + parseInt(number3) + "<br>");   // 66789
        document.write(number3 - number2);                      // 46789
    </script>
</head>
<body>
</body>
</html>
```

通过输出结果可以看到，如果是一个字符串与一个数字相加，则会将数字先转为字符串，然后再将两个字符串拼接在一起，而并不会做数字类型的纯加法运算。同时，在代码的运算中，可以使用圆括号来强制改变优先级。

但是为什么使用 number3－number2 得到的结果却是 46789 呢？因为减号只承担数字相减的工作，所以如果用一个字符串类型的数字减去一个标准的数字，这个字符串会先被转换为数字，这与+号的处理正好相反。

关于变量类型转换的问题，可以先使用 typeof 操作符来判断当前变量或值是属于什么类型，例如如下代码。

```
typeof "John"            // 返回 string
typeof 3.14              // 返回 number
typeof NaN               // 返回 number
typeof false             // 返回 boolean
typeof [1,2,3,4]         // 返回 object
typeof {name:'John', age:34} // 返回 object
typeof new Date()        // 返回 object
typeof function () {}    // 返回 function
typeof myCar             // 返回 undefined (如果 myCar 没有声明)
typeof null              // 返回 object
```

如果需要刻意地对数据的类型进行转换，比如要将一个字符串转换为一个数字，可以使用全局方法 Number（str），也可以使用 parseInt（str）将字符串转换为一个整数，或使用 parseFloat（str）将字符串转换为一个小数，前提是字符串里存放的的确是一个有效的数字，否则就会出现 NaN 错误，无法正常处理。当然，也可以使用全局方法 String（var），将任意其他类型的变量或值转换为字符串类型。后续章节将在练习中使用到相应的类型转换函数。

V7-3　分支语句-1

7.1.4　分支语句

1. 分支语句的定义

上述所有代码都是按照顺序一行一行往下运行的，这在程序中称为"顺序结构"，程序的基本结构除了"顺序结构"外，还有分支结构和循环结构。本小节将介绍分支结构及分支语句的用法。

人们其实每天都在做选择，从起床开始就会选择今天吃什么早餐，至使用什么交通工具，午饭吃辣的还是不辣，是米饭还是面条，下班是直接回家还是出去娱乐等。每天做的各种大大小小的选择其实就是一种分支结构，一旦选择做 A，便不可能做 B，只能是二选一或者多选一的场景。就像走到一个 Y 字形路口一样，只可能向左或者向右，又不可能同时向左向右走。或者在一个十字路口，虽然前方有三条路可供我们选择，但是我们永远只可能会选择一条。

在程序设计中，代码不可能永远是顺序运行的，必须要使用分支。举个很简单的例子，例如使用用户名和密码去登录一个系统的时候，必然要对用户输入的信息进行判断，要么用户名密码正确，要么不正确，如果正确，可以直接进入系统；如果不正确，应该提示用户重新输入信息。这个过程就是一个典型的二选一的过程，在程序中，要实现这样的功能，就必须使用分支语句（因为会判断对应的一些前提条件，所以有的地方也称之为条件语句）。

在 JavaScript 中，分支语句有如下定义。

（1）if 语句——只有当指定条件为 true 时，才使用该语句来执行代码。

（2）if…else 语句——当条件为 true 时执行代码，当条件为 false 时执行其他代码。

（3）if…else if…else 语句——使用该语句来选择多个代码块之一来执行。

（4）switch 语句——使用该语句来选择多个代码块之一来执行。

上述定义同样适用于 C、C++、C#、Java、Python 等编程语言，所有编程语言都支持分支语句，而且其用法几乎完全一样。

2. 分支语句的语法

（1）if 语句的语法

```
if (condition) {
    当条件为 true 时执行的代码
}
// 在分支语句中，我们需要使用{   }来包含在此分支中的代码，下同。
```

> 实例：如果当前的系统时间大于 18:00，则生成问候"晚上好！"，代码如下。

```
<!DOCTYPE html>
<html>
<head lang="en">
    <meta charset="UTF-8">
    <title>分支语句</title>

    <script>

        var hour = new Date().getHours();    // 获取当前的小时
        if (hour > 18) {
            document.write("晚上好！");
        }

    </script>
</head>
<body>
</body>
</html>
```

（2）if…else 语句语法

```
if (condition) {
    当条件为 true 时执行的代码
}
else {
    当条件不为 true 时执行的代码
}
```

> 实例：如果当前时间大于 18 点，则输出"晚上好！"，否则输出"忙碌的一天！"，代码如下。

```
var hour = new Date().getHours();     // 获取当前的小时
if (hour > 18) {
    document.write("晚上好！");
}
else {
    document.write("忙碌的一天！");
}
```

（3）if…else if…else 语句语法

```
if (condition1) {
    当条件 1 为 true 时执行的代码
}
else if (condition2) {
    当条件 2 为 true 时执行的代码
}
else {
    当条件 1 和 条件 2 都不为 true 时执行的代码
}
```

> 实例：如果当前时间大于 18 点，则输出"晚上好！"；否则，如果当前时间介于 12 点到 18 点之间，则输出"下午好！"；否则，如果小于或等于 12 点，输出"上午好！"，代码如下。

```
var hour = new Date().getHours();    // 获取当前的时间
if (hour > 18) {
    document.write("晚上好！");
}
else if (hour > 12){
    document.write("下午好！");
}
else {
    document.write("上午好！");
}
```

（4）switch 语句语法

```
switch(表达式) {
    case 1:
        执行代码块 1
        break;
    case 2:
        执行代码块 2
        break;
    default:
        与 case 1 和 case 2 不同时执行的代码
}
```

switch 语句的工作原理：首先设置表达式 n（通常是一个变量），表达式的值会与结构中的每个 case 的值做比较，如果存在匹配（==，绝对相等），则与该 case 关联的代码块会被执行。请使用 break 来阻止代码自动向下一个 case 运行。

实例：判断当前是星期几，代码如下。

```
var d=new Date().getDay(); // 获取当前时间位于每周的第几天，0表示第一天
switch (d)
{
    case 0:x="今天是星期日";
        break;
    case 1:x="今天是星期一";
        break;
    case 2:x="今天是星期二";
        break;
    case 3:x="今天是星期三";
        break;
    case 4:x="今天是星期四";
        break;
    case 5:x="今天是星期五";
        break;
    case 6:x="今天是星期六";
        break;
}
document.writeln(x);
```

再次强调一下，switch 语句的 case 分支必须与 switch 中的表达式或变量进行==或===的严格匹配，不能使用其他比较运算符。而且，但凡使用 switch 语句的地方，一定可以使用 if…else if…else 语句代替，所以 switch 语句并不是必选项。

3. 比较运算

另外，使用分支语句时，必然牵涉到判断，判断就一定会用到比较，在 JavaScript 中，比较运算介绍如下。

假设 x=5，则比较运算符及结果如表 7-3 所示。

表 7-3　比较运算

运算符	描述	比较	返回值
==	等于 （注意是两个等号）	x==8	*false*
		x==5	*true*
===	绝对等于（值和类型均相等）	x==="5"	*false*
		x===5	*true*
!=	不等于	x!=8	*true*
!==	绝对不等于（值或类型不相等）	x!=="5"	*true*
		x!==5	*false*
>	大于	x>8	*false*
<	小于	x<8	*true*
>=	大于或等于	x>=8	*false*
<=	小于或等于	x<=8	*true*

4. 逻辑运算

在对条件进行判断时，也可能会考虑多个条件同时判断，需要使用逻辑运算，如表 7-4 所示。

表 7-4　逻辑运算

运算符	描述	例子
&&	and	(x < 10 && y > 1) 为 true
||	or	(x==5 || y==5) 为 false
!	not	!(x==y) 为 true

另外，对于一些简单的判断，还可以使用三元运算符 …?… : …。

```
x = (hour > 18) ? "晚上好" : "白天好";
// 如果当前时间大于18点，则变量x的值为"晚上好"，否则值为"白天好"。
```

了解了分支语句的语法规则后，利用代码来判断用户输入的用户名密码是否正确。假设正确的用户名为 woniuxy，密码为 123456，界面上提示用户输入用户名和密码，通过代码来判断是否正确，代码如下。

```
<!DOCTYPE html>
<html>
<head lang="en">
    <meta charset="UTF-8">
    <title>分支语句</title>
    <script>
        var username = prompt("请输入你的用户名：");
        var password = prompt("请输入你的密码：");
```

```
    if (username == "woniuxy" && password == "123456") {
        document.write("你输入的用户名和密码正确！");
    }
    else {
        document.write("你输入的用户名和密码错误！");
    }
</script>
</head>
<body>
</body>
</html>
```

上述代码存在一些问题，比如无法更清晰地提示用户到底是用户名错误还是密码错误；一旦输入错误，并没有机制来提示用户继续输入，这是需要在后续的练习中来改进的地方。

V7-5　循环语句-1

7.1.5　循环语句

日常生活中，除了每天起床，洗漱，早餐，外出，回家及睡觉这种"顺序结构"和日常的各种行为选择这种"分支结构"，还有一种方式，就是每天不停地重复起床，吃饭，睡觉，再起床，吃饭，睡觉等。在程序设计中，自然也会遇到类似的情况，就是循环重复地做一件事情，这便是"循环结构"。

例如，如果要在界面上输出一句"你好，欢迎来到蜗牛学院学习！"，直接使用代码 document.writeln（"你好，欢迎来到蜗牛学院学习！"）即可；要输出 10 句这样的话呢？复制粘贴 10 次即可，那么如果是 100 次呢？复制粘贴 100 次同样也可以达到目的。那么要输出 1 亿次这句话呢？

其实，利用循环语句可以轻松地完成这件事，如下代码即可实现输出万句"你好，欢迎来到蜗牛学院学习！"。

```
for (var i=1; i<=10000; i++) {
    document.writeln("你好，欢迎来到蜗牛学院学习！");
}
```

在 JavaScript（其他编程语言相同）中，循环可以有下述三种方式。

（1）for － 循环代码块一定的次数。

（2）for/in － 循环遍历对象的属性，后面在数组中我们会使用到。

（3）while － 当指定的条件为 true 时循环指定的代码块。

（4）do/while － 同样当指定的条件为 true 时循环指定的代码块。

1. for 循环

for 循环语句的语法

```
for (语句 1; 语句 2; 语句 3) {
    被执行的代码块
}
```

语句 1：（代码块）开始前执行，给循环变量赋初始值，如果 for 语句开始前循环变量已经有初始值，此语句可不写，但是与语句 2 之间的分号必须存在。

语句 2：定义运行循环（代码块）的条件，此条件满足的情况下循环才能继续运行。即，如果语句 2 返回 true，则循环再次开始；如果返回 false，则循环将结束。如果在循环体内部有对循环条件是否继续的判断，此语句也可省略，但是分号同样不能省略。

语句 3：在循环（代码块）被执行之后执行，用于表示循环变量的变化情况。如果在循环体内部有进行处理，那么此语句也可以省略。

例如如下实例代码。

```
for (var i=1; i<101; i++) {
    document.write(i + "<br>");
}
```

上述代码可改造如下。

```
var i = 1;
for (; i<101;) {
    document.write(i + "<br>");
    i++;
}
```

上述代码第一行已被循环变量 i 进行了初始化，所以语句 1 被省略掉了。循环体内部对循环变量 i 进行了自增处理，所以语句 3 也被省略了。

2. While 循环

针对上述语句，也可以使用 while 循环进行处理。while 循环的语法规则如下。

```
while (条件) {
    需要执行的代码
}
```

改造上述代码如下。

```
var i = 1;
while (i < 101) {
    document.write(i + "<br>");
    i++;
}
```

可以看到，for 和 while 是完全可以互相代替的，也就是说任何循环都可以使用其中任意一种语法来处理。但是通常情况下，会优先使用 for 循环来处理可以明确知道循环次数的情况；使用 while 循环来处理不明确次数，但是有循环结束特征的情况。

比如要按行读取一个文本文件，并不知道这个文本文件有多少行，不知道要循环多少次，只知道循环到文件结束，根据文件的结束标志来判断即可，这种时候就会优先选择使用 while 循环。

3. do…while 循环

do…while 循环是 while 循环的变体。该循环会在检查条件是否为真之前执行一次代码块，如果条件为真，就会重复这个循环。其语法规则如下。

V7-6 循环语句-2

```
do {
    需要执行的代码
}
while (条件);
```

比如如下代码是否会被执行，循环变量 x 会首先再增，然后才做判断。

```
var x = 10;
do {
    x++;
} while (x < 10);
document.write(x);
```

除了上述基本语法规则外，在循环语句中还有两个特殊的关键字：break 和 continue。从字面意思理解，break 是指中止、暂停的意思，而 continue 是指继续的意思，将这两个关键字用于循环语句中，通常表示强制中止循环，或者跳过其后的语句继续下一轮循环。例如如下实例代码。

```
for (i=1;i<10;i++) {
    if (i==5) {
```

```
        break;
    }
    document.write("当前的循环变量为：" + i + "<br>");
}
```

上述代码输出如下。

当前的循环变量为：1
当前的循环变量为：2
当前的循环变量为：3
当前的循环变量为：4

当循环变量增加到 5 时，直接中止当前循环，所以只能看到前面 4 个值输出。而如果把代码中的 break 修改为 continue，则运行结果如下，会跳过输出 5 这个值，但是并不会中止循环，只是继续开始下一轮循环而已。

当前的循环变量为：1
当前的循环变量为：2
当前的循环变量为：3
当前的循环变量为：4
当前的循环变量为：6
当前的循环变量为：7
当前的循环变量为：8
当前的循环变量为：9

以上便是程序设计的一些基础语法和基础思维，到目前为止，读者应该已经有一定的程序设计基础，接下来将开始集中练习，通过这些练习，来完成相关知识的学习。

7.2 基础编程练习

7.2.1 练习题目

利用前面所学的基础知识，本节将完成如下编程基础练习。

（1）循环求和：利用循环语句计算从 100 加到 500 的总和。

（2）字符判断：从键盘输入一个字符，判断这个字符是数字，还是大写字母，还是小写字母，还是符号。

（3）密码验证：尝试将用户名和密码验证分开进行，即如果用户名输入错误，则不需要再提示输入密码，只有当用户名正确的情况下，才提示输入密码。

（4）水仙花数：计算三位整数（100～999）的水仙花数。水仙花数是指每一位的立方相加等于该数自己，比如 153 = 1^3 + 5^3 + 3^3。

（5）次方计算：计算 X 的 Y 次方，X（底数）和 Y（指数）的值由用户输入。

（6）统计字符：从键盘输入一个字符串，统计这个字符串当中包含几个大写字母、几个小写字母、几个数字、几个特殊符号。

（7）抓球问题：有红球 5 个，黑球 7 个，白球 9 个，随机取出 12 个，计算可能的颜色组合有多少种。

（8）组合问题：用 1 元纸币兑换 1 分、2 分和 5 分的硬币，要求兑换总数为 50 枚，问可以有多少种组合，每种组合对应 1 分，2 分，5 分分别是多少？

（9）九九乘法表：尝试用 for 循环完成九九乘法表输出。

（10）字符串判断：从键盘输入一个字符串，判断该字符串是否可以被转换为一个有效的数字。

7.2.2　循环求和

1. 题目回顾

利用循环语句计算从 100 加到 500 的总和。

2. 解题思路

这是一个典型的循环练习题，要计算从 100 加到 500 或者其他任意值，如果是口头运算，只需要简单的计算 100+101=201，201+102=303，303+103=406……这样不停地累加下去即可。那么，如果交给计算机程序通过循环该如何进行处理呢？可以利用循环变量作为加数，在循环之前先定义一个变量来保存每次相加的和，这样实现不停的累加。

3. 实现代码

```
var result = 0;
for (var i=100; i<=500; i++) {
    result = result + i;
}
document.write(result);
```

4. 补充事项

循环是代码中非常常见的一种结构，读者必要熟练运用。如果可以计算从 100 加到 500，当然也可以计算从 500 减到 100，只不过这种情况下需要定义循环变量的初始值 i=500；i>100；i--。

当然，在循环变量的自增自减过程中，并不一定只能自增 1 或自减 1，写成 i+=3 即表示每循环一次循环变量加 3，这都是可以的。而且也可以定义两个循环变量，形如 for （ var i=1, j=2; i+j<100; i++, j+=2）也是同样可以的。

语句 result = result +i 可以更简单地写为 result += i; 这样代码会更加精练，而且两者实现的功能是完全一样的。

7.2.3　字符判断

1. 题目回顾

从键盘输入一个字符，判断这个字符是数字，还是大写字母，还是小写字母，还是符号。

2. 解题思路

这是一个典型的分支结构，从题意可知需要 4 个分支（即数字、大写、小写、符号），还需要重点解决一个问题，通过什么样的方式来判断字符的类型。ASCII 码便是解决本题的关键，当然，也这是一个新的知识点，需要读者掌握。

ASCII（American Standard Code for Information Interchange，美国信息交换标准代码）是基于拉丁字母的一套计算机编码系统，主要用于显示现代英语和其他西欧语言。

在计算机中，所有数据在存储和运算时都要使用二进制数表示（因为计算机用高电平和低电平分别表示 1 和 0），例如，像 a、b、c、d 这样的 52 个字母（包括大写）以及 0、1 等数字还有一些常用的符号（例如*、#、@等）在计算机中存储时也都使用二进制数来表示，具体用哪些二进制数字表示哪个符号，每个人都可以约定自己的一套（这就叫编码），如果要互相通信而不造成混乱，就必须使用相同的编码规则，于是美国有关的标准化组织就制定了 ASCII 编码，统一规定了上述常用符号的二进制数表示方法。

图 7-5 展示了常用的 ASCII 码字符以及对应的十进制编码。

图 7-5　标准 ASCII 码表

ASCII 字符代码表 一

低四位		0000 (0) 十进制	字符	ctrl	代码	字符解释	0001 (1) 十进制	字符	ctrl	代码	字符解释	0010 (2) 十进制	字符	0011 (3) 十进制	字符	0100 (4) 十进制	字符	0101 (5) 十进制	字符	0110 (6) 十进制	字符	0111 (7) 十进制	字符	ctrl
0000	0	0	BLANK NULL	^@	NUL	空	16	►	^P	DLE	数据链路转意	32		48	0	64	@	80	P	96	`	112	p	
0001	1	1	☺	^A	SOH	头标开始	17	◄	^Q	DC1	设备控制1	33	!	49	1	65	A	81	Q	97	a	113	q	
0010	2	2	☻	^B	STX	正文开始	18	↕	^R	DC2	设备控制2	34	"	50	2	66	B	82	R	98	b	114	r	
0011	3	3	♥	^C	ETX	正文结束	19	‼	^S	DC3	设备控制3	35	#	51	3	67	C	83	S	99	c	115	s	
0100	4	4	♦	^D	EOT	传输结束	20	¶	^T	DC4	设备控制4	36	$	52	4	68	D	84	T	100	d	116	t	
0101	5	5	♣	^E	ENQ	查询	21	§	^U	NAK	反确认	37	%	53	5	69	E	85	U	101	e	117	u	
0110	6	6	♠	^F	ACK	确认	22	▬	^V	SYN	同步空闲	38	&	54	6	70	F	86	V	102	f	118	v	
0111	7	7	●	^G	BEL	震铃	23	↨	^W	ETB	传输块结束	39	'	55	7	71	G	87	W	103	g	119	w	
1000	8	8	◘	^H	BS	退格	24	↑	^X	CAN	取消	40	(	56	8	72	H	88	X	104	h	120	x	
1001	9	9	○	^I	TAB	水平制表符	25	↓	^Y	EM	媒体结束	41	)	57	9	73	I	89	Y	105	i	121	y	
1010	A	10	◙	^J	LF	换行/新行	26	→	^Z	SUB	替换	42	*	58	:	74	J	90	Z	106	j	122	z	
1011	B	11	♂	^K	VT	垂直制表符	27	←	^[	ESC	转意	43	+	59	;	75	K	91	[	107	k	123	{	
1100	C	12	♀	^L	FF	换页/新页	28	∟	^\	FS	文件分隔符	44	,	60	<	76	L	92	\	108	l	124	|	
1101	D	13	♪	^M	CR	回车	29	↔	^]	GS	组分隔符	45	-	61	=	77	M	93	]	109	m	125	}	
1110	E	14	♫	^N	SO	移出	30	▲	^6	RS	记录分隔符	46	.	62	>	78	N	94	^	110	n	126	~	
1111	F	15	☼	^O	SI	移入	31	▼	^-	US	单元分隔符	47	/	63	?	79	O	95	_	111	o	127	Δ	Back space

注：表中的ASCII字符可以用：ALT ＋ "小键盘上的数字键" 输入

　　根据 ASCII 码表可知，数字 0~9 对应的十进制为 48~57，这是固定的编码，所以根据这一编码规则便可以得知字符的类型。同样的，大写和小写也可以根据该编码规则来确定；除了大写、小写和数字以外，其他所有字符都可以归为符号一类。

　　了解了 ASCII 编码规则以后，还需要解决一个问题，就是如果利用 JavaScript 来获得一个字符的 ASCII 码值，JavaScript 内置了函数 charCodeAt()，例如有一个字符串变量 var name = "Qiang"，可以使用代码 name.charCodeAt（0）来获取该字符串中第一个字符 "Q" 的 ASCII 码，即 81；使用 name.charCodeAt（2）可以获取第三个字符 "a" 的 ASCII 码，即 97。

3. 实现代码

```javascript
var content = prompt("请输入一个字符：");
var code = content.charCodeAt(0);
if (code >= 48 && code <= 57) {
    document.write("这是一个数字。");
}
else if (code >= 65 && code <= 90) {
    document.write("这是一个大写。");
}
else if (code >= 97 && code <= 122) {
    document.write("这是一个小写。");
}
else {
    document.write("这是一个符号。");
}
```

4. 补充事项

　　字符串本质上就是由一串一串字符构成，在计算机中，对字符串的处理最终会转变为对字符的处理。

根据字符串可以获取里面每一个字符，事实上可以把字符串看作是一个字符构成的数组。

在 JavaScript 中，除了使用 charCodeAt(i)这种方式来获取每个字符的 ASCII 码外，也可以使用 charAt(i)这个方法获取字符串里面的每一个字符，比如可以通过循环的方式将字符串中的字符一个一个读取出来并输出，代码如下。

```javascript
var content = "Hello, 欢迎来到蜗牛学院！";
for (var i=0; i<content.length; i++) {
    document.write("第 " + i + " 个位置的字符为：" + content.charAt(i));
    document.write("<br>");
}
```

上述代码的输出结果如下。

```
第 0 个位置的字符为：H
第 1 个位置的字符为：e
第 2 个位置的字符为：l
第 3 个位置的字符为：l
第 4 个位置的字符为：o
第 5 个位置的字符为：,
第 6 个位置的字符为：欢
第 7 个位置的字符为：迎
第 8 个位置的字符为：来
第 9 个位置的字符为：到
第 10 个位置的字符为：蜗
第 11 个位置的字符为：牛
第 12 个位置的字符为：学
第 13 个位置的字符为：院
第 14 个位置的字符为：！
```

其中，通过 content.length 参数可以获取到该字符串的长度（即构成该字符的数量），同时使用遍历的方式，从下标 0 开始逐一获取该字符串当中的每一个字符后再输出。输出的过程中使用了 JavaScript 的连接符 "+" 将多个字符串进行连接，进而输出一个符合格式要求的更加清晰的结果。

7.2.4 密码验证

1. 题目回顾

密码验证：尝试将上述的用户名和密码验证分开进行，即如果用户名输入错误，不提示输入密码，只有当用户名正确的情况下才提示输入密码。

2. 解题思路

这是一个典型的分支语句，只需要对用户名和密码分开进行判断，当用户名正确的情况下再来判断密码即可。之所以要实现这样的功能，也是为了提升用户体验，因为如果用户名本身就已经检测到输入错误了，再让用户输入密码其实是没有任何意义的事情。

3. 实现代码

```javascript
var username = prompt("请输入用户名：");
if (username == "woniuxy") {
    var password = prompt("请输入密码：");
    if (password == "123456") {
        document.write("你输入的用户名密码正确。");
    }
    else {
        document.write("你输入的密码错误。");
```

```
    }
}
else {
    document.write("你输入的用户名错误。");
}
```

4. 补充事项

关于用户名密码实现验证登录的功能随处可见，但是上述代码其实存在很多问题，比如用户名和密码是写死的，只能是"woniuxy/123456"这样的值才可以通过验证，而真实的情况是会有很多用户名和密码，所以上述代码在真实的项目中是用不起来的。

另外，为了安全起见，通常都不允许用户不停地输入用户名和密码来尝试登录，会给定一个失败的次数限制，比如 3 次或 5 次，那么像这样的情况又该如何实现呢？请读者在本书中寻找答案。

V7-7 水仙花与
抓球

7.2.5 水仙花数

1. 题目回顾

计算三位整数（100～999）的水仙花数。水仙花数是指每一位的立方相加等于该数自己，比如 153 = 1^3 + 5^3 + 3^3。

2. 解题思路

这是一个趣味数学题，按照比较保守的方法来思考，如果是人工来寻找一个三位数的水仙花数，最简单的方法就是从 100 开始到 999，一个一个地进行尝试，看看是否满足水仙花数的条件，那么既然人工可以这样，用程序来实现一个一个地遍历处理，应该也是可行的。

基于这样一个遍历尝试的思路，既然要计算每一位的立方和，必然需要将这个三位数按照个位、十位、百位拆分，这样才可以计算。所以问题的关键点便在于如何拆分个位、十位和百位数。

假设某一个三位数是 358，那么 8 是个位数，5 是十位数，3 是个位数，让 358 对 10 取余数，这个余数就是 8；类似道理，先让 358 除以 10，得 35.8，再利用 parseInt 函数取 35.8 的整数部分，得到 35，现用 35 对 10 取余，即得到 5；百位数也以此方式计算即可获取。

3. 实现代码

```
for (var i=100; i<=999; i+=1) {
    // 获取个位数
    var a = i % 10;    // 3
    // 获取十位数
    var b = parseInt(i / 10) % 10;    // 5
    // 获取百位数
    var c = parseInt(i / 100)    // 1

    // 判断各位数的立方和是否等该三位数本身
    if (a*a*a + b*b*b + c*c*c == i) {
        document.write(i + "<br>");
    }
}
```

4. 补充事项

其实对于一个三位数而言，除了利用 100 到 999 进行循环，进而对其各位的立方和进行判断以外，也可以先获取构成每一个三位数的数字，然后通过百位数*100 + 十位数*10 + 个位数的方式来反向取得这个三位数，进而进行判断，具体的实现代码如下。

```
for (var i=1; i<=9; i++) {   // 百位数，从1开始到9
    for (var j=0; j<=9; j++) {   // 十位数，从0开始到9
```

```
    for (k=0; k<=9; k++) {   // 个位数，从0开始到9
        var number = i*100 + j*10 +k;   // 根据三个数拉出一个三位数
        // 判断各位数的立方和是否等该三位数本身
        if (i*i*i + j*j*j + k*k*k == number) {
            document.write(number + "<br>");
        }
    }
}
```

上述代码是一个三重循环嵌套的代码，循环嵌套也是比较常见的一种用法，能够在循环嵌套方面运用得更加熟练。循环嵌套的运算方式是先从外层循环开始，依次进入内层循环，内层循环循环完一轮后，进入外层循环开始下一个循环变量，以此类推。上述代码的执行顺序如下。

（1）1 先循环 i，当 i=1 时，保持该循环变量的值不变，进入第二层循环；此时 j=0，保持不变，继续进入第三层循环，让 k 的循环完整运行 10 次。

（2）接下来，第二层循环 j=1，继续进入第三层循环，运行 10 次。

（3）直接到 j=9，第二层循环完整地运行了 10 次，执行完一轮。

（4）接下来让最外层的 i=2，开始下一轮新的循环，继续让 j=0，k=0。

7.2.6 次方计算

1. 题目回顾

计算 X 的 Y 次方，X（底数）和 Y（指数）的值由用户输入。

2. 解题思路

计算 X 的 Y 次方其实就是让 Y 个 X 相乘，所以利用简单的循环 Y 次，并用一个变量（如 result）来与 X 相乘，并累积保存乘积即可解决问题。但是，也有一些特别的情况，比如，如果 Y 是负数，就不是简单的 Y 个 X 相乘而已了，而是让 Y 个 X 相乘后用 1 来除以这个结果；如果 Y 为 0，任意数的 0 次方都等于 1；如果 X 为 0 则是无意义的，不用考虑。

V7-8 次方运算

3. 实现代码

```
var x = prompt("请输入一个底数：");
var y = prompt("请输入一个指数：");
var result = 1;
if (y<0) {
    y *= -1;
    for (var i=1; i<=y; i++) {
        result *= x;
    }
    result = 1/result;
}
else {
    for (var i = 1; i <= y; i++) {
        result *= x;
    }
}
document.write("X的Y次方为：" + result);
```

4. 补充事项

要计算 X 的 Y 次方，上述代码考虑的问题并不全面，比如指数 Y 为小数的时候，应该使用 JavaScript 自带的一个方法 Math.pow(x, y)，这样才可以计算任意底数的任意次方，比如使用如下代码可以计算 35

的 0.38 次方。

```
var result = Math.pow(35, 0,38);
```

7.2.7　统计字符

1．题目回顾

从键盘输入一个字符串，统计这个字符串当中包含几个大写字母，几个小写字母，几个数字，几个特殊符号。

2．解题思路

要统计一个字符串当中的各种类型的字符的数量，首先需要遍历整个字符串当中的每一个字符，在遍历的过程中根据每一个字符的 ASCII 码来决定它是哪种类型。这时可以设置 4 个变量来记录每种类型的个数，就像人工来统计一样，在挨个记录每种类型的个数，并最终得到结果。

3．实现代码

```
var string = prompt("请输入一个字符串：");
var number= 0;    // 记录数字的个数
var upper=0;      // 记录大写字母的个数
var lower=0;      // 记录小写字母的个数
var special=0;    // 记录其他符号的个数（包括中文）
for (var i=0; i<string.length;i++) {
    var ascii = string.charCodeAt(i);
    if (ascii >= 48 && ascii <= 57) {
        number++;
    }
    else if (ascii >= 65 && ascii <= 90) {
        upper++;
    }
    else if (ascii >= 97 && ascii <= 122) {
        lower++;
    }
    else {
        special++;
    }
}
document.write("<p>大写：" + upper + " 个，小写：" + lower + " 个，数字："
            + number + " 个，其他符号：" + special + " 个。<p>");
```

4．补充事项

本练习主要考察循环和分支结构的组合使用。循环体中使用判断是比较常见的一种代码结构，甚至有时还需要配合分支判断来考虑是否结束当前循环等。

7.2.8　抓球问题

1．题目回顾

有红球 5 个，黑球 7 个，白球 9 个，随机取出 12 个，计算可能的颜色组合有多少种？

2．解题思路

本题相当于从 21 个球当中随机抓取 12 个球，类似于一个排列组合问题。但是有几个前提条件，球是有颜色的，而且只有 3 种颜色，不存在每个球都是不一样的情况。另外，每种颜色的球数量是有限制的。所以对于这个题目，不能简单地利用组合方式来求解。

另外，如果从代数层面来考虑该问题，假设 12 个球当中有 X 个红球，Y 个黑球，Z 个白球，则代数表达为 "X+Y+Z=12，X<=5，Y<=7，Z<=9"。此代数表达式是没有办法直接解出答案的，因为组合的数量有很多种。比如 3 个红球、3 个黑球、6 个白球是一种组合，也可以是 4 个红球、4 个黑球、4 个白球。

对于这种多组合的情况，求解的最简单的方式就是遍历。将球的组合数一个一个去试，只要这种组合满足 "X+Y+Z=12，X<=5，Y<=7，Z<=9"，那么该组合一定是正确的。那么怎么用代码来转换这种思路呢？这里使用三重循环嵌套的方式来处理，比如红球为第一层循环，黑球为第二层循环，白球为第三层循环，通过此循环让红球先从 0 个开始取，黑球也取 0 个，此时白球则从 0 到 9，那么没有满足条件的；继续下一轮循环，红球为 0，黑球为 1，白球为 0 到 9，也无法满足，则继续循环；一旦在循环当中发现了 X+Y+Z=12，则可以断定该组合是正确的，可以输出该种组合的情况，并增加一次成功的组合。

3．实现代码

```
var count = 0; // 定义组合的数量
for (var red=0; red<=5; red++) {
    for (var black=0; black<=7; black++) {
        for (var white=0; white<=9; white++) {
            if (red+black+white == 12) {
                count++;
                document.write("成功组合：红球：" + red + " 个，黑球：" +
black + " 个，白球：" + white + " 个。<br>");
            }
        }
    }
}
document.write("成功的组合数一共为：" + count + " 种。");
```

4．补充事项

本题同样继续考察了循环与分支结构的组合应用，同时也继续强化了关于多重循环的问题。通常情况下，很多问题利用已知的条件是无法快速获取答案的，因为条件可能不够，那么这个时候使用循环遍历的方式把所有可能的条件都去试一遍是一种普遍的做法。本节编程的基础练习题目看上去很多都是在解决一些数学问题，但是跟代数解决问题的思路是不完全一致的。

7.2.9　九九乘法表

1．题目回顾

尝试用 for 循环完成九九乘法表输出。

2．解题思路

本题实现起来并不难，利用多重循环结构或者是循环分支组合结构等完全可以解决问题。所以从这一个层面来说，思路上不难理解，但是从另外一个角度看如何在实现代码的过程中保持更清晰的思路。首先绘制出九九乘法表，或者是去网上搜索出来一张现成的九九乘法表的图片，以便在分析其规律和特点时更加直观，如图 7-6 所示。

V7-9　九九乘法表

图 7-6 所示的九九乘法表是一个标准的二维表格，有行，有列。所以必然需要使用两层循环结构来解决问题，一层解决行的循环，一层解决列的循环。另外，表格一共有 9 行，所以外层循环循环 9 次没有问题，但是列不是固定的 9 列，而是第 1 行只有 1 列，第 2 行也只有 2 列，第 3 行只有 3 列，所以内层循环在处理列的数量时，不是某一个固定的循环次数，而是跟外层循环的当前循环变量有关，即外层

循环到第 N 次，则内层循环绘制 N 个列。所以，这里出现了在循环嵌套时另外一种相对要绕一点的思路，就是内层循环的循环条件跟外层循环的循环变量有关联关系。

$1\times1=1$								
$1\times2=2$	$2\times2=4$							
$1\times3=3$	$2\times3=6$	$3\times3=9$						
$1\times4=4$	$2\times4=8$	$3\times4=12$	$4\times4=16$					
$1\times5=5$	$2\times5=10$	$3\times5=15$	$4\times5=20$	$5\times5=25$				
$1\times6=6$	$2\times6=12$	$3\times6=18$	$4\times6=24$	$5\times6=30$	$6\times6=36$			
$1\times7=7$	$2\times7=14$	$3\times7=21$	$4\times7=28$	$5\times7=35$	$6\times7=42$	$7\times7=49$		
$1\times8=8$	$2\times8=16$	$3\times8=24$	$4\times8=32$	$5\times8=40$	$6\times8=48$	$7\times8=56$	$8\times8=64$	
$1\times9=9$	$2\times9=18$	$3\times9=27$	$4\times9=36$	$5\times9=45$	$6\times9=54$	$7\times9=63$	$8\times9=72$	$9\times9=81$

图 7-6 九九乘法表

关于表格中的乘法表达式，乘数可以用内外层循环变量来解决，来将乘号和等号以字符串的方式进行拼接。另外，每一行的输出结束后，必须要强制换行，所以换行应该位于外循环内层，内循环外层。

3. 实现代码

```
for (var i=1; i<=9; i++) {
    for (var j=1; j<=i; j++) {
        document.write(i + "*" + j + "=" + i*j);
        document.write("  ");
    }
    document.write("<br>");
}
```

4. 补充事项

上述代码只是实现了最简单的九九乘法表，并没有对其进行任何美化。所以读者可以尝试着利用表格或 DIV 等容器，结合 JavaScript 编程实现一个更加美观的九九乘法表。这里面牵涉到的只是如何利用 JavaScript 操作 HTML 元素的知识，后续章节也会详细讲解。

V7-10　字符串判断

7.2.10　字符串判断

1. 题目回顾

从键盘输入一个字符串，判断该字符串是否可以被转换为一个有效的数字。

2. 解题思路

首先需要认真地理解一下题意，什么叫做字符串是否可以被转换为一个数字？比如用户输入的字符串是"Hello123"，这个字符串就不能被转换为有效数字；而如果输入的是"123.34"或"-12345"等，这便是一个可以被转换为有效数字的字符串。

用户可以输入任意类型的字符，包括中文等，所以要解决该题目，首先需要做的是对用户输入的内容进行清理。所谓清理，就是先简单地判断用户是否输入了一些非数字的符号，如果是，则根本就没有必要再继续分析更细节的规则。否则继续来分析一个有效的数字由哪几部分构成？

首先，数字只能有 0～9 的字符、小数点、负号构成。如果有这之外的字符，则一定不是数字。那么如果用户输入的是一个由 0～9 的字符、小数点和负号构成的字符，则需要遵循如下规则。

（1）一个数字当中最多只允许一个负号，否则无效。

（2）一个数字当中最多只允许一个小数点，否则无效。

（3）一个数字当中的负号只能在第一个位置，否则无效。

（4）一个数字当中的小数点只能在负号的后面，否则无效。

（5）小数点不应该在最后一个位置。

3. 实现代码

```javascript
var value = prompt("请输入一个字符串：");
var isOk = true;    // 定义标志变量
var m = 0;  // 统计负号的个数
var n = 0;  // 统计小数点的个数

for(var i=0; i<value.length; i++){
    var c = value.charCodeAt(i);    // 获取每个字符的ASCII码

    // 通过ASCII码检查，如果字符不为0～9的数字或者负号或者小数点，则无效
    if ((c >= 0 && c < 45) || c > 57 || c == 47) {
        document.write("无效.");
        isOk = false;
        break;
    }
    if(c == 45) m++;
    if(c == 46) n++;
}
// 如果字符串本身所包含的符号是正确的，再进行详细判断
if (isOk) {
    if(m > 1) {
        document.write("无效.");  // 负号太多
    }
    else if(n > 1) {
        document.write("无效.");  // 小数点太多
    }
    // 如果存在一个负号，而负号不在第一个位置，则无效
    else if(m == 1 && value.charCodeAt(0) != 45) {
        document.write("无效.");
    }
    // 如果存在一个小数点，而小数点在最后一个位置，则无效
    else if(n == 1 && value.charCodeAt(value.length-1) == 46) {
        document.write("无效.");
    }
    else {
        document.write("有效.");
    }
}
```

上述代码其实就是对前述解题规则的一个转换而已。所以事实上，无论什么情况下，再复杂的问题，思路远比实施更加重要。当然，对于上述代码的实现过程，可以用后面将要学习的函数的知识点进行修改和优化。

4．补充事项

其实只要把一个问题的规则搞清楚了，那么对代码的实现也就变得简单了，所以在程序设计的过程中采用何种算法、采用何种思路是至关重要的一步。如何减少代码的 BUG，如何提高代码的开发效率和运行效率，都与思路和算法有关。因为很多时候，解决问题的方法不只一个，究竟哪一个更好，需要通过测试和对比才能知道。

7.3 数组

7.3.1 定义与使用

V7-11 数组定义
与使用

数组对象使用单独的变量名来存储一系列的值。例如有一组数据（例如学生姓名），存在单独变量如下。

```
var name1 = "张三";
var name2 = "李四";
var name3 = "王五";
var name4 = "赵六";
```

但是，如果有 100 名学生，甚至 1000 名学生，就要定义 100 个或者 1000 个变量，整个操作会变得非常麻烦。这个时候就可以利用数组，只需要定义一个变量，便可以将这些姓名全部存起来，而且后续的操作还更加方便。创建一个数组的方法有三种，以定义一个名为 names 的数组对象为例，实现代码分别如下所述。

1．常规方式

```
var names = new Array();    // 也可以直接在圆括号中加一个数字，指定数组的长度
names[0] = "张三";    // 给该数组的每一个元素赋值
names[1] = "李四";
names[2] = "王五";
names[3] = "赵六";
```

2．简洁方式

```
var names = new Array("张三","李四","王五","赵六");    // 定义和赋值同时进行
```

3．字面量方式

```
var names = ["张三","李四","王五","赵六"];    // 定义并赋值
```

也可以定义其他类型的数组，甚至让一个数组存储不同类型的值，示例如下。

```
var myarray1 = [11, 22, 33, 777, 44, 55, 66];
var myarray2 = new Array(111, 222, 333, 444, 555, 666);
var myarray3 = [111,222,345,true,24.5,"你好"];
```

一旦定义了数组，便可以通过以下几个常用方法或属性来对数组进行基本操作。

```
document.write(names[0]);    // 取得数组的第一个元素，下标从0开始
document.write(names.indexOf("李四"));    // 取得"李四"的下标，如无则为-1
document.write(names.length);    // 获取数组的长度，即元素的数量
```

数组作为记录一组数据的媒介，在程序设计中具有非常重要的作用，也是日常程序开发中必然会使用到的一种数据类型。所以，开发人员很有必要对数组进行深入的理解和灵活的运用。

4．遍历输出整个数组的值示例

```
var myarray = [11, 22, 33, 77, 44, 55, 66];
for (var i=0; i<myarray.length; i++) {
    document.write(myarray[i]);
```

```
    document.write("<br>");
}
```

7.3.2 核心算法

遍历数组也是程序开发中经常使用的手段，只需要获取到数组的长度，然后循环处理即可。这一点与对字符串中的字符进行遍历非常相似，唯一的不同只是数组使用中括号取值，而字符串使用 codeAt()方法来取值。当然，前面介绍循环语句的时候也提到了 for…in 语句，在遍历数组的时候，也可以使用该语句来完成处理，代码相对更简练，代码如下。

V7-12 数组算法
操作-1

```
var myarray = [11, 22, 33, 77, 44, 55, 66];
for (var i in myarray) {
    document.write(myarray[i]);
    document.write("<br>");
}
```

1. 将数组倒序输出

```
var myarray = [11, 22, 33, 77, 44, 55, 66];
for (var j=myarray.length-1; j>=0; j--) {
    document.write(myarray[j]);
    document.write("<br>");
}
```

2. 获取数组的最大值（针对数值型数组有效）

```
// 整体思路是：定义一个变量，用于跟数组里面的每一个值进行比较。
var max = myarray[0];    // 定义变量max，用于存放数组中的最大值
for (var i in myarray) {
    if (max < myarray[i]) {
        max = myarray[i];
    }
}
document.write("数组的最大值为：" + max);
```

3. 不借助于其他数组将数组倒序存放

即让数组第 1 个元素与最后一个元素交换位置，让第 2 个元素与倒数第 2 个元素交换位置，如此循环，直到数组的一半为止，交换便可结束。

```
var myarray = [11, 22, 33, 77, 44, 55, 66];
var len = myarray.length;
for (var i=0; i<len/2; i++) {
    var temp = myarray[i];
    myarray[i] = myarray[len-i-1];
    myarray[len-i-1] = temp;
}
document.write(myarray);
```

这是一个相对简单的算法实现，除了自己完成这样一个算法外，也可以使用 JavaScript 内置的一个数组处理函数 reverse()来完成同样的功能，代码如下。

```
var myarray = [11, 22, 33, 77, 44, 55, 66];
myarray.reverse();
document.write(myarray);
```

虽然使用 JavaScript 内置的 reverse()函数会显得比较简单，但如果只是会简单调用完成功能，很难真正成长和积累。笔者更建议读者自己来完成这些功能的代码实现，这样的积累才是有意义、有价值的。

V7-13　数组算法
操作-2

4．删除数组中的某一个元素

在 JavaScript 中，可以使用 pop() 来将数组中的最后一个元素删除，与之相对应的，可以使用 push() 往数组的末尾增加一个新元素。比如上例中的 myarray 数组，如果调用 myarray.pop()，数组元素将减少为 6 个，值为 [11, 22, 33, 77, 44, 55]。

如何删除数组当中的任意一个元素呢？将指定位置的元素暂时取出（假设该元素的下标为 N），保存在一个临时变量里面，然后将 N+1 的元素存放在 N 处，N+2 的元素存放在 N+1 处（即让指定位置后面的所有元素往前移一个位置），这样数组的最后一个位置就没有值存在了，将数组的最后一个位置用于存放临时变量的值，然后调用数组的 pop() 函数将最后一个元素的值删除即可，具体实现代码如下。

```
var index = 2;    // 删除数组下标为2（即第3个）元素
var temp = myarray[index];
for (var i = index; i < myarray.length - 1; i++) {
    myarray[i] = myarray[i + 1];
}
myarray[i] = temp;
myarray.pop();
```

同样，JavaScript 也内置了另一个函数 splice() 用于删除数组的从某个位置开始往后的几个元素。比如使用 myarray.splice（2，1）；可以删除下标从 2 开始的 1 个元素（即第三个元素）；如果要删除更多，比如删除第 3，4，5 个元素，可以使用 myarray.splice（2，3），表示从下标为 2（即第 3 个元素）开始往后删除 3 个元素。

5．将两个数组连接在一起变成一个数组

定义第三个数组，先将第一个数组的元素赋值给第三个数组的前面部分，再紧接着将第二个数组的元素继续赋值给第三个数组，代码如下。

```
var myarray1 = [11, 22, 33, 44, 55];
var myarray2 = ["张三","李四","王五","赵六"];
var newarray = new Array();
for (i=0; i<myarray1.length; i++) {
    newarray[i] = myarray1[i];
}
for (j=0; j<myarray2.length; i++, j++) {
    newarray[i] = myarray2[j];
}
document.write(newarray);
```

使用 JavaScript 内置的 concat() 函数可以直接将两个数组甚至更多的数组连接在一起，如上代码可以简单修改为如下代码。

```
var myarray1 = [11, 22, 33, 44, 55];
var myarray2 = ["张三","李四","王五","赵六"];
var newarray = myarray1.concat(myarray2);
document.write(newarray);
```

7.3.3　排序算法

数组排序最常用的方法是选择排序和冒泡排序。

（1）冒泡排序：依次比较相邻的两个数，将小数放在前面，大数放在后面。

（2）选择排序：每一次从待排序的数据元素中选出最小（或最大）的一个元素，顺序放在已排好序

数列的最后，直到全部待排序的数据元素排完。

这里以冒泡排序算法进行举例说明。假定有一个数组为 var a = [12，34，23，56，69，38，47]，则冒泡排序按如下顺序进行。

第一轮比较 12 和 34，位置不变；比较 34 和 23；交换位置，比较 34 和 56，位置不变。这样完成第一轮后可以将本数组中的最大值 69 的位置放到数组的最后。完成这一轮后，数组的顺序变为 [12，23，34，56，38，47，69]

第二轮比较 12 和 23，位置不变；比较 23 和 34，位置不变；比较 34 和 56，位置不变；比较 56 和 38，位置交换；最后将本轮的次大值 56 放在了数组倒数第 2 的位置上。

第三轮以此类推，最后将数组的值按从小到大的顺序排列。

将数组的值从大到小排列的原理是一样的，只要在两两比较时将小值交换到后面即可。下列代码演示了冒泡排序算法的具体实现，务必认真理解。

```
var a = [12, 34, 23, 56, 69, 38, 47];
// 外循环，指定比较的轮数，一共是长度-1轮
for (i=0; i<a.length-1; i++) {
    // 内循环，将数组的值进行一一比较
    for (j=0; j<a.length-i-1; j++) {
        if (a[j] < a[j+1]) {
            temp = a[j];
            a[j] = a[j+1];
            a[j+1] = temp;
        }
    }
}
document.write(a);
```

另外，JavaScript 中内置了排序的函数 sort()，其基本用法如下。

```
var myarray = [12, 34, 23, 56, 69, 38, 47];
myarray.sort() ;          // 默认排序，从小到大
document.write(myarray);
myarray.sort(function(a,b) {return a-b;});  // 自定义排序，从小到大排列
myarray.sort(function(a,b) {return b-a;});  // 自定义排序，从大到小排列
```

特别说明：sort()函数自定义排序的规则为 a,b 表示数组中的任意两个元素，若 return > 0，则 b 前 a 后；reutrn < 0，则 a 前 b 后。

7.3.4　多维数组

对于多维数组而言，所有数组特性均满足，这里先以二维数组为例进行讲解，其实在程序设计中，一维数组和二维数组的应用是最为广泛的。一维数组可以简单理解为 Excel 表格中的一行多列，而二维数组则可以理解为多行多列，所以二维数组和一个平面表格的关系是一一对应的。比如如下代码即定义了一个二维数组。

```
var data = [
        ['张三','男', 100],
        ['李四','男', 95],
        ['王五','女', 98],
        ['赵六','男', 90],
        ['周七','女', 92]
    ];
document.write(data[2,1]);
```

该二维数组可以利用一张表格来更清楚地表达，如表 7-5 所示。

表 7-5　二维数组对应的表格数据

姓名	性别	成绩
张三	男	100
李四	男	95
王五	女	98
赵六	男	90
周七	女	92

定义三维数组，四维数组这样的数组会让代码变得非常难维护，建议避免使用。如果需要，可以利用数组名来完成多维数组的定义。就是在数组 A 里面存放了数组名 B、C、D，如 var A = [B, C, D]，而数组 B、C、D 分别又是一个一维或二维数组，这样代码会更加简洁。

V7-14　数组对象

7.3.5　数组对象

数组对象即 Array 对象，它拥有相应的属性和方法，Array 对象的属性如表 7-6 所示。

表 7-6　Array 对象的属性

属性	描述
constructor	返回对创建此对象的数组函数的引用
length	设置或返回数组中元素的数目
prototype	使用户有能力向对象添加属性和方法

关于 Array 对象的方法，在前面的知识点讲解中已经有所涉及，此处列出供大家参考，如表 7-7 所示。

表 7-7　Array 对象的方法

方法	描述
concat()	连接两个或更多的数组，并返回结果
join()	把数组的所有元素放入一个字符串。元素通过指定的分隔符进行分隔
pop()	删除并返回数组的最后一个元素
push()	向数组的末尾添加一个或更多元素，并返回新的长度
reverse()	颠倒数组中元素的顺序
shift()	删除并返回数组的第一个元素
slice()	从某个已有的数组返回选定的元素
sort()	对数组的元素进行排序
splice()	删除元素，并向数组添加新元素
toSource()	返回该对象的源代码
toString()	把数组转换为字符串，并返回结果
toLocaleString()	把数组转换为本地数组，并返回结果
unshift()	向数组的开头添加一个或更多元素，并返回新数组的长度
valueOf()	返回数组对象的原始值

7.3.6 数组练习

本小节将完成以下练习。

（1）选择排序：使用选择排序算法实现数组从小到大排序。

（2）登录验证：定义两个数组，保持长度一致，用于存放一批用户名和密码，然后验证用户输入的用户名和密码是否正确，正确的前提是用户名和密码在位置上是一一对应的。

（3）随机点名：定义一批学生姓名，随机抽取其中的 5 名学生来回答问题。

1. 选择排序

排序算法有很多，包括插入排序，冒泡排序、堆排序、归并排序、选择排序、计数排序、基数排序、桶排序及快速排序等。插入排序、堆排序、选择排序、归并排序、快速排序及冒泡排序都是比较排序，它们都通过对数组中的元素进行比较来实现排序。

选择排序跟冒泡排序一样，也是数组排序的经典算法，实现思路：对比数组中前一个元素与后一个元素的大小，如果后面的元素比前面的元素小，则用一个变量 k 来记住它的位置；接着第二次比较，前面"后一个元素"现变成了"前一个元素"，继续跟它的"后一个元素"进行比较，如果后面的元素比它要小，则用变量 k 记住它在数组中的位置（下标）；等到循环结束的时候，也就找到了最小的那个数的下标了，然后进行判断，如果这个元素的下标不是第一个元素的下标，就让第一个元素跟它交换一下值，这样就找到整个数组中最小的数了；然后找到数组中第二小的数，让它跟数组中第二个元素交换一下值，以此类推。

根据上述思路编制实现代码，如下。

```
var a = [12, 34, 23, 56, 69, 38, 47];
for(var i=0; i<a.length-1; i++) {
    var min = i;  //无序区的最小数据数组下标
    for(var j=i+1; j<a.length; j++) {
        //在无序区中找到最小数据并保存其数组下标
        if(a[j] < a[min]) {
            min = j;
        }
    }
    //如果不是无序区的最小值位置，不是默认的第一个数据，则交换之
    if(min != i) {
        var temp=a[i];
        a[i]=a[min];
        a[min]=temp;
    }
}
document.write("选择排序后的数组：" + a);
```

2. 登录验证

用户名和密码登录验证可以说是任何一个系统的基本功能，在一个系统中，用户名和密码数量很多，可以利用数组来模拟多个用户名和密码，以便于编程实现。当用户输入用户名的时候，需要先验证该用户名是否存在于用户名数组中，如果存在，说明用户名正确，否则用户名不正确。如果用户名正确，再验证密码是否存在。这里需要注意的是，密码要与用户名的位置对应好，否则就会出现输入任意一个密码，只要在数组中存在就验证通过，显然这种情况是不允许的。

例如如下实现代码。

```
// 先预定义两个数组，用于保存用户名和密码，且位置对应，即admin的密码为111111
var users = ["admin", "deng", "woniuxy", "qiang", "china", "candy"];
var passes = ["11111", "22222", "33333", "44444", "55555", "66666"];
var username = prompt("请输入你的用户名：");

// 利用用户输入的username用户名来遍历整个数组，确认用户名是否存在
for (var i=0; i<users.length; i++) {
    if (username == users[i]) {
        // 当用户名存在时，继续提示输入密码
        var password = prompt("请输入你的密码：");
        if (password == passes[i]) {
            document.write("恭喜你，登录成功！<br>");
        }
        else {
            document.write("你输入的密码不正确！<br>");
        }
    }
    else {
        document.write("你输入的用户名不正确！<br>");
    }
}
```

　　上述代码看上去逻辑是非常清晰的，先利用用户输入的用户名到数组当中遍历比对，如果发现相同的用户名，则提示用户输入密码；再从密码数组中比对对应位置的值，如果相等，则说明密码正确，否则不正确。如果用户名在数组当中不存在，则提示用户名不正确。运行该代码，比如输入一个正确的用户名 woniuxy 和对应的正确密码 33333，输出结果如下。

```
你输入的用户名不正确！
你输入的用户名不正确！
恭喜你，登录成功！
你输入的用户名不正确！
你输入的用户名不正确！
你输入的用户名不正确！
```

　　这是一个很奇怪的输出结果，既然登录已经成功，为什么还会显示那么多"你输入的用户名不正确！"的提示信息呢？代码问题出在哪里呢？

　　上述代码是在循环中对输入信息进行判断，无论判断成功与否，循环本身并没有结束运行；而woniuxy 只是其中一个用户名，针对该用户名，代码的输出结果的确是"恭喜你，登录成功！"；但是这还没完，当用 woniuxy 的用户名去跟数组中的其他用户名进行对比时，"你输入的用户名不正确！"也就出现在了输出结果中。该如何来解决这个问题呢？

　　事实上，在循环结构中嵌套分支结构是代码中非常常见的一种用法，但是在这种情况下一定要注意一点，如果分支语句中的判断已经满足条件，循环是否需要结束是需要特别关注的一个点，否则代码将无法正确执行。当需要结束循环时，可以使用 break 关键字来强制结束。针对这一情况，对上述代码进行修改，如下。

```
// 用户名密码验证修改版
var users = ["admin", "deng", "woniuxy", "qiang", "china", "candy"];
var passes = ["11111", "22222", "33333", "44444", "55555", "66666"];
var username = prompt("请输入你的用户名：");
// 定义一个标志变量，如果找到存在的用户名，立即结束循环
var isFound = false;
```

```
// 定义一个位置变量，如果找到存在的用户名，记录该用户名在数组中的位置
// 由于数组下标从0开始，所以我们将该初始值设为-1，避免与0冲突
var index = -1;

for (var i=0; i<users.length; i++) {
    if (username == users[i]) {
        isFound = true;
        index = i;
        break;
    }
}

// 当用户名存在时，提示用户输入密码
if (isFound) {      .
    var password = prompt("请输入你的密码：");
    if (password == passes[index]) {
        document.write("恭喜你，登录成功！<br>");
    }
    else {
        document.write("你输入的密码不正确！<br>");
    }
}
else {
    document.write("你输入的用户名不正确！<br>");
}
```

　　运行修改后的代码，问题得以解决。题目要求通过定义两个数组来完成用户名和密码的分别保存，但这样很显然不利用于代码的维护，同时也不和于用户名和密码建立强关联。基于这一原因，对该题目进行优化，将用户名和密码合并保存在数组中，再实现用户名和密码的强关联，二维数组用来保存多行多列的表格数据，将一条用户名和密码处理为一行，多条用户名和密码处理为多行，用户名和密码各占一列，可参考表 7-8。

表 7-8　用户名密码二维数组表

用户名	密码
admin	11111
deng	22222
woniuxy	33333
qiang	44444
china	55555
candy	66666

　　具体的实现代码如下。

```
// 定义二维数组，用于保存用户名和密码
var users = [['admin','11111'], ['deng','22222'], ['woniuxy','33333'],
            ['qiang','44444'], ['china','55555'], ['candy','66666']];
var username = prompt("请输入你的用户名：");
var isFound = false;
```

```
var index = -1;

for (var i=0; i<users.length; i++) {
    // 使用users[i][0]获取第一维数组的第0个元素，即用户名
    if (username == users[i][0]) {
        isFound = true;
        index = i;
        break;
    }
}
if (isFound) {
    var password = prompt("请输入你的密码：");
    if (password == users[index][1]) {
        document.write("恭喜你，登录成功！<br>");
    }
    else {
        document.write("你输入的密码不正确！<br>");
    }
}
else {
    document.write("你输入的用户名不正确！<br>");
}
```

练习过程及具体实践中，一定要注意代码的可靠性、代码是否出现 BUG 以及如何解决 BUG。并且通过优化，使代码达到一个最佳状态。

3. 随机点名

随机点名、随机抽奖等程序也是日常比较常见的情况，通过数组来解决随机点名是比较简单的一种手段。通过数组的下标可以获取到数组的值，只要想办法产生一个随机的下标即可实现随机点名。

如何产生一个随机的下标呢？数组的取值下标都是从 0 开始到数组长度-1 结束，那么如果能够生产一个随机数介于 0~1 之间，然后用该数来乘以数组的长度再取其整数部分，即可以实现一个随机下标。

在 JavaScript 中，可以使用 Math.random()来产生一个 0<X<1 之间的随机小数。接下来用该小数与数组长度相乘，则可以得到一个介于 0<Y<数组长度之间的随机数，由于该随机数仍然是一个小数，所以还需要使用 window.parseInt()方法取其整数部分（并非四舍五入，只是将其整数部分的值取出），这个时候一定可以产生一个 0<=Y<数组长度之间的刚好匹配数组下标的随机数。

由于题目要求随机取出 5 个值，可以通过简单的循环 5 次，每一次都产生一个随机数的方式来解决，实现代码如下。

```
var names = ["成卓","徐皓","徐弛","马笠","余江山","杨贤宇","刘文治","刘义",
    "唐君发","黄涛","吴松","陈横","王帅", "衡文俊","张勉","戚江","张雅楠",
    "陈广安","余超","邹强","孙国飞","刘程","张桃","周宇航","刘轲","唐廷勇"];
for (var i=0; i<5; i++) {
    var index = window.parseInt(Math.random() * names.length);
    document.write(names[index]);
    document.write("<br>");
}
```

代码运行的可能结果如下所示。

余江山
唐廷勇

戚江
唐君发
张雅楠

　　基于上述代码，既然都是随机数，那么很有可能这 5 个随机数可能重复，这是无法控制的。那么，导致的问题就是这 5 个名单中很有可能出现重名的情况，需要避免这种情况发生。将已经生成的名单保存起来，每次新产生一个学生姓名，就将其与已经生成的名单进行比较，如果包含，则重新生成，这样就可以避免姓名重复，具体的代码请各位读者尝试着自己来实现。

7.4　函数

7.4.1　函数定义

1. 定义函数

V7-15　函数基础
应用

　　函数是由事件驱动的或者当它被调用时执行的可重复使用的代码块。事实上，前文的代码里面一直在使用 JavaScript 内置的各种函数，比如 document.write()，其中 document 是对象，write 就是函数；比如 Math.random()，Math 是对象，random 就是函数，本节将重点讲解如何完成自定义函数以及调用。
　　函数就是包裹在花括号中的代码块，前面使用了关键词 function，定义的基本语法如下。

```
function 函数名称(参数列表) {
    被执行代码
    return 返回值
}
```

　　在上述语法中，关键字 function 必须有，函数名称必须有，参数列表可以没有，也可以一个或多个，多个参数之间用逗号分隔开即可；被执行代码必须有，return 返回值可有可无。具体如何使用，关键看定义此函数的目的。

2. 函数定义实例

（1）无参数、无返回值的函数

```
function myfunc1() {
    document.write("无参数，无返回值的函数.<br>");
    document.write("此类函数通常只为让代码分块.<br>");
}

// 调用myfunc1函数，由于无返回值，所以只能直接通过函数名称调用
myfunc1();
```

（2）无参数、有返回值的函数

```
function myfunc2() {
    document.write("无参数，有返回值的函数. <br>");
    var age = prompt("请输入你的年龄：");
    if (age < 60) {
        return "年轻人";
    }
    else {
        return "老年人";
    }
}
```

```
// 调用myfunc2函数
var type = myfunc2();  // 由于该函数有返回值，所以我们可以定义一个变量来接收
document.write(type);
```

（3）有参数、无返回值的函数

```
function myfunc3(a, b) {    // 定义函数的参数a 和 b叫做形式参数，也叫形参
    document.write("有参数，无返回值的函数. <br>");
    var result = a + b;
    document.write("处理结果为： " + result);
}
```

```
// 调用myfunc3函数
myfunc3(100, 500);    // 调用函数的参数100和 500叫做实际参数，实参也可以是变量
```

（4）有参数、有返回值的函数

```
function myfunc4(age) {
    document.write("有参数，有返回值的函数. <br> ");
    var type;
    if (age < 60) {
        type = "年轻人";
    }
    else {
        type = "老年人";
    }
    return type;
}
```

```
// 调用myfunc4函数
document.write(myfunc4(55));
```

V7-16 函数
高级应用

3. 函数应用实例

函数无非就是解决两个问题，一是提升代码的可重用性，定义一个函数，就像制造了一个零件，可以重复地使用它来处理类似的功能，而不必每次都重新定义；二是可以更好地区分代码的功能模块，让一个函数只做一件最简单的事情，保持代码的可维护性。

现在来看一些更具体的例子，比如前面章节介绍的数组算法实现，现在对其进行改造，通过定义函数和传递参数的方式来使这些算法更加具备重用性。

（1）获取数组的最大值

```
// 通过形式参数将数组array传入函数，查找到最大值后直接返回给调用的地方
function getArrayMax(array) {
    var max = array[0];
    for (var i in array) {
        if (max < array[i]) {
            max = array[i];
        }
    }
    return max;
}
```

```
// 调用getArrayMax函数，并将最大值存储在变量maxValue中
```

```
var myarray = [11,22,3,55,77,44,66];    // 定义实际参数myarray
var maxValue = getArrayMax(myarray);
document.write("最大值为: " + maxValue);
```

（2）在数组的指定位置删除一个元素

```
// 删除某个数组指定的下标位置splice
function deleteArray(array, index) {
    var temp = array[index];
    for (var i = index; i < array.length - 1; i++) {
        array[i] = array[i + 1];
    }
    array[i] = temp;
    array.pop();
    return array;    // 返回实现删除操作后的数组
}

// 调用deleteArray函数删除指定位置的数组元素
var myarray = [11,22,33,55,77,44,66];
var myarray = deleteArray(myarray, 3);
document.write(myarray);
```

7.4.2 可选参数

在调用 JavaScript 的内置函数时，可以传递不同数量的实际参数，且不会报错。这是如何做到的呢？事实上，这类调用方式在很多编程语言中都支持，比如 Python、PHP、C++、Java 等。而这种可选参数是不限数量的，跟通常所了解的重载并不是同一个概念。

JavaScript 函数中有个储存参数的数组 arguments，所有函数获得的参数会被编译器挨个保存到这个数组中，通过这个特别的数组可以完成参数可选的实现。例如如下代码。

```
function multiParam() {
    var a = arguments[0] ? arguments[0] : 100;    // 如果没有值则默认值为 100
    var b = arguments[1] ? arguments[1] : 200;    // 如果没有值则默认值为 200
    return a + b;
}

document.write(multiParam());
document.write(multiParam(500));
document.write(multiParam(300, 600));
```

上述代码在定义函数 multiParam 时，并没有特别指定形式参数，而是使用 arguments 数组来完成，并且为参数设置默认值，这样就可以在实际参数传递过来进行调用时更加灵活。

7.4.3 匿名函数

标准的 JavaScript 函数有名称也有相应的形式参数。事实上，还可以使用如下方式定义一个函数。

```
(function (n) {
    for (var i = 1; i <= n; i++)
        document.write(i);
})(10);
```

这种方式定义的函数就是匿名函数，函数本身并没有名字，而是直接定义完后就运行该函数，并传递参数 10 给函数体，所以上述代码不需要额外的调用就能正常运行，并能在网页中输出从 1 到 10 的整数。

当然，这样的函数只能运行一次，与不定义函数是一样的效果，但是在 JavaScript 中某些 API 的使用必须以函数的方式存在，所以必须有这种匿名函数。另外一方面，匿名函数可以有效地保证在页面上写入 JavaScript，而不会造成全局变量的污染。这在给一个不是很熟悉的页面增加 JavaScript 时非常有效，也很优美。

当然，如果要重复调用该函数，可以很简单地将匿名函数体赋值给一个变量，形式如下。

```javascript
// 定义匿名函数
var myfunc = function(a, b) {return a+b};
// 调用匿名函数
document.write(myfunc(100, 200));
```

像这种形式就不是匿名函数了，其实与普通函数的定义和调用都是一样的方式。

7.4.4 函数应用

V7-17 函数应用
TDD

相信通过以上的实例，读者应该已经能够理解函数的使用以及参数的传递了，本节将完成以下一些练习。

（1）定义一个函数 power，形式参数为 x 和 y，完成计算 x 的 y 次方，处理完成后将结果返回。

（2）定义一个函数 reverse，形式参数为数组 a，将数组 a 反向存储并返回。

（3）定义一个函数 randomName，无形式参数，完成随机点名 5 人，并将点到的名字返回。

（4）定义一个函数 checkNumber，形式参数为一个字符串，检查这个字符串是否是有效的数字，如果是，就返回 true，否则就返回 false。

（5）定义一个函数 checkTriangle，形式参数为 3 个数值，判断该 3 个数值是否能够构成一个三角形，如果能，判断构成的三角形类型是等边三角形，还是等腰三角形，还是普通三角形。

练习题目均来源于之前实现过的算法，本节只需要考虑代码的函数化、模块化、如何设置形式参数及如何设计返回值能够更好地达到目的而已。

1. 实现函数 power

该函数的目的是计算 X 的 Y 次方，在设计该函数时，必然会使用到两个形式参数，一个底数，一个指数。另外，返回值就是计算完成后的结果，具体实现代码如下。

```javascript
function power(x, y) {
    var result = 1;
    if (y<0) {
        y *= -1;
        for (var i=1; i<=y; i++) {
            result *= x;
        }
        result = 1/result;
    }
    else {
        for (var i = 1; i <= y; i++) {
            result *= x;
        }
    }
    return result;
}
```

2. 实现函数 reverse

该函数的目的是实现数组的反向存取，所以形式参数为一个数组，而返回值为反向处理后的一个新数组，实现代码如下。

```javascript
function reverse(myarray) {
    var len = myarray.length;
    for (var i=0; i<len/2; i++) {
        var temp = myarray[i];
        myarray[i] = myarray[len-i-1];
        myarray[len-i-1] = temp;
    }
    return myarray;
}
```

3. 实现函数 randomName

该函数的目的是实现一个随机点名的程序，所以形式参数应该为一个姓名的列表数组，而由于返回值为 5 个随机产生的姓名，无法用一个函数返回 5 个值，因为一个函数只能返回一个值，所以返回值也应该为一个数组，实现代码如下。

```javascript
function randomName(names) {
    var len = names.length;
    // 如果姓名数量少于5个，则直接返回该数组
    if (len <= 5) {
        return names;
    }
    else {
        var newNames = new Array(5);
        for (var i=0; i<newNames.length; i++) {
            var index = window.parseInt(Math.random() * names.length);
            newNames[i] = names[index];
        }
        return newNames;
    }
}
```

4. 实现函数 checkNumber

该函数的目的是检查形式参数的字符串是否可以被转化为一个数字，所以返回值也非常简单，能则返回 true，不是则返回 false，实现代码如下。

```javascript
function checkNumber(value) {
    var m = 0;  // 统计负号的个数
    var n = 0;  // 统计小数点的个数

    for(var i=0; i<value.length; i++){
        var c = value.charCodeAt(i);    // 获取每个字符的ASCII码

        // 通过ASCII码检查，如果字符不为0~9的数字或者负号或者小数点，则无效
        if ((c >= 0 && c < 45) || c > 57 || c == 47)
            return false;

        if(c == 45) m++;
        if(c == 46) n++;
```

```
    }
    if(m > 1) return false;
    if(n > 1) return false;

    // 如果存在一个负号，而负号不在第一个位置，则无效
    if(m == 1 && value.charCodeAt(0) != 45) return false;

    // 如果存在一个小数点，而小数点在最后一个位置，则无效
    if(n == 1 && value.charCodeAt(value.length-1) == 46) return false;

    return true;
}
```

上述针对字符串判断的函数由于需要测试的输入情况非常多，所以如果每次都手工输入进行测试，将会耗费很多时间来进行测试。

利用如下代码，看是否可以提高测试速度，特别是对代码进行改动后需要快速验证代码是否生效时。

```
document.writeln(checkNumber("12345"));     // true
document.writeln(checkNumber("012345"));    // true
document.writeln(checkNumber("-12345"));    // true
document.writeln(checkNumber("-1.2345"));   // true
document.writeln(checkNumber("12.345"));    // true
document.writeln(checkNumber("0.12345"));   // true
document.writeln(checkNumber("-0.12345"));  // true
document.writeln(checkNumber("12345."));    // false
document.writeln(checkNumber(".12345"));    // true
document.writeln(checkNumber("-.12345"));   // true
document.writeln(checkNumber(".12-345"));   // false
document.writeln(checkNumber("..12345"));   // false
document.writeln(checkNumber("..--12345")); // false
document.writeln(checkNumber("--12.345.")); // false
```

执行上述代码，运行结果如下。

```
true true true true true true true false true true false false false false
```

将上述输出结果与期望返回值进行比较，如果一致，说明代码没有问题。

基于这样一种自动输出测试结果，并通过人工对比来进行判断的测试方法，自动调用 checkNumber 函数来观察其针对不同的形式参数返回不同的值来确定代码是否工作正常，将该比对过程用代码来实现，以达到自动化测试的目的。如果要完成这一过程,需要首先创建一个"测试驱动程序"，英文叫 Test Driver 或 Test Fixture，代码如下。

```
function testCheckNumber(value, expect){
    var actual = checkNumber(value);
    if(actual == expect)
        document.write("测试结果：正确.<br>");
    else
        document.write("测试结果：错误.<br>");
}
```

上述测试驱动程序的目的主要完成定义期望结果、调用被测试函数、对比实际结果以得出结论，其中期望结果由形式参数 expect 给出。有了这样的驱动程序后，对实际的测试代码进行改造，如下。

```
testCheckNumber("12345", true);
testCheckNumber("012345", true);
```

```
testCheckNumber("-12345", true);
testCheckNumber("-1.2345", true);
testCheckNumber("12.345", true);
testCheckNumber("0.12345", true);
testCheckNumber("-0.12345", true);
testCheckNumber("12345.", false);
testCheckNumber(".12345", true);
testCheckNumber("-.12345", true);
testCheckNumber(".12-345", false);
testCheckNumber("..12345", false);
testCheckNumber("..--12345", false);
testCheckNumber("--12.345.", false);
```

运行上述自动化测试代码，输出结果如下。

```
测试结果：正确.
测试结果：正确.
测试结果：正确.
测试结果：正确.
测试结果：正确.
测试结果：正确.
测试结果：正确.
测试结果：正确.
测试结果：正确.
测试结果：正确.
测试结果：正确.
测试结果：正确.
测试结果：正确.
```

从运行结果可以看出，被测试代码（即 checkNumber 函数）是工作正常的。故意将 checkNumber 函数的某些代码改错，可以验证该自动化测试程序能否正常检测到错误。

这就是基于代码级的自动化测试技术，此处利用的这种测试技术也被称为 TDD，即 Test-Driven Development，测试驱动开发。这是非常流行的一种敏捷开发方法论，由于篇幅所限，本书不单独讨论该方法，有兴趣的读者请自行查阅相关资料。

5. 实现函数 checkTriangle

三角形构成的基本原则就是两边之和大于第三边或者两边之差小于第三边，现在利用代码来实现这一规律。当然，如果能够构成三角形，还需要继续判断是否是三条边都相等，还是只有两条边相等，进而正确处理三角形的类型，实现代码如下。

```
function checkTriangle(a, b, c) {
    var result = "";
    var isTriangle = a+b>c && a+c>b && b+c>a;
    if (isTriangle == true) {
        if (a==b && b==c) {
            result = "等边三角形.";
        }
        else if ((a==b && b!=c) || (a==c && c!=b) || (b==c && c!=a)) {
            result = "等腰三角形.";
        }
        else {
```

```
            result = "普通三角形.";
        }
    }
    else {
        result = "不是三角形.";
    }
    return result;
}
```

由上述代码可以看出，本身的判断逻辑并不复杂，现在人为地将难度再调高一点。三条边分别由用户输入，如果用户没有正确输入数字，那么我们允许给予用户三次出错的机会，如果三次都没有正确输入一个数字，则结束运行并报错。

根据用户的输入来判断是否是一个有效的数字其实是相对简单的，可以使用 JavaScript 自带的 isNaN()方法来判断某个字符串是否是一个有效的数字，只不过此处需要注意的是 isNaN 的意思是是否是一个无效的数字，如果传递的参数是数字，则返回为 false，否则返回 true。

所以现在问题的难度在于 3 次输入错误的限制。可以考虑使用循环来限制次数，如果在 3 次循环以内输入正确，则直接跳出循环，看上去思路还好，按照这种思路来实现代码，如下。

```
function checkInput() {
    var value;
    for (var i = 0; i < 3; i++) {
        var input = prompt("请输入三角形的一条边：");
        if (!isNaN(input)) {
            value = input;
            break;
        }
    }
    if (i==3)
        return "输入次数受限.";

    return value;
}


a = parseInt(checkInput());
b = parseInt(checkInput());
c = parseInt(checkInput());
document.write(checkTriangle(a, b, c));
```

上述代码是可以正常运行的，但是有一个用户体验上的问题，就是每一次提示信息都是"请输入三角形的一条边"，由于需要输入三条边的值，但凡某一次输入错误，这种连续的相同提示信息会让用户完全摸不着头脑。

那么，有没有更友好的提示信息呢？比如可以提示用户现在应该输入的是第一条边还是第二条边呢？此处，笔者给大家两种解决方案。第一种相对简单，直接给 checkInput 函数添加一个形式参数，由这个形式参数来决定目前输入的是哪一条边，代码如下。

```
function checkInput() {
    var value;
    for (var i = 0; i < 3; i++) {
        var input = prompt("请输入三角形的一条边：");
        if (!isNaN(input)) {
```

```
            value = input;
            break;
        }
    }
    if (i==3)
        return "输入次数受限.";

    return value;
}


a = parseInt(checkInput("一"));
b = parseInt(checkInput("二"));
c = parseInt(checkInput("三"));
document.write(checkTriangle(a, b, c));
```

另一种方案是利用递归函数加全局变量的方式来对上述功能实现修改，其目的是一方面多一种解决问题的多种思路，另一方面也能够更好地理解到函数的递归调用以及全局变量的用法，代码如下。

```
<script>

    var a, b, c;          // 全局变量: 在script里面,但不在function里面的
    var failCount = 0;    // 全局变量: 定义允许失败的次数

    function checkInput(order) {
        if (failCount > 3) {
            document.write("你输入的错误次数太多,拜拜!");
        }
        else {
            // 局部变量,如果去掉var,则border自动升级为全局变量
            var border = prompt("请输入三角形的第" + order + "条边:");
            if (isNaN(border) == true) {
                failCount++;
                checkInput(order);              // 函数递归调用
            }
            else {
                failCount = 0;
                if (order == "一") a = border;
                if (order == "二") b = border;
                if (order == "三") c = border;
            }
        }
    }


    checkInput("一");
    checkInput("二");
    checkInput("三");
    document.write(checkTriangle(parseInt(a), parseInt(b), parseInt(c)));
</script>
```

上述代码本身并不复杂，只需要理解下述两个关键点。

（1）全局变量：所谓全局变量，是相对于定义在 function 函数体中的局部变量而言的，在 JavaScript 中有两种存在形式，一是在<script>标记内而不在 function 函数体内定义的变量，二是在 function 函数体内定义但是没有加关键字 var 来修饰的变量。全局变量在当前页面的所有代码中都生效，任意代码都可以读取该全局变量的值或对其值进行修改。

（2）递归调用：函数的递归调用其实理解起来并不难，就是函数自己再调用自己，如果不加任何条件进行调用，那么自然而然会形成一个死循环。所以通常情况下递归调用的时候需要加上一些结束的条件。这是需要特别注意的一点。

7.5 字符串

7.5.1 字符串的属性

字符串在任何一门编程语言中都占据着重要的地位，其实原因也非常简单，因为任意一个用户的输入，无论是数字、字母、符号还是日期、编号、真假等，都可以当成一个普通的字符串处理。编程语言之所以需要定义各种数据类型，只是为了便于 CPU 进行更合理的运算，便于内存更合理地安排存储空间。

所以，本节内容将专门介绍字符串的一些应用。字符串所具备的属性，如表 7-9 所示。

表 7-9　字符串的属性

属性	描述
constructor	对创建该对象的函数的引用
length	返回字符串的长度
prototype	允许向对象添加属性和方法

事实上，平时用到最多的属性只有 length，用于计算该字符串的长度。

7.5.2 字符串的方法

字符串的处理方法就比较多了，如果要能够灵活地运用计算机的这些方法，需要多加强练习，进而解决更多的实际问题。字符串的方法如表 7-10 所示。

表 7-10　字符串的方法

方法	描述
anchor()	创建 HTML 锚
big()	用大号字体显示字符串
blink()	显示闪动字符串
bold()	使用粗体显示字符串
charAt()	返回在指定位置的字符
charCodeAt()	返回在指定的位置的字符的 Unicode 编码
concat()	连接字符串
fixed()	以打字机文本显示字符串
fontcolor()	使用指定的颜色来显示字符串

续表

方法	描述
fontsize()	使用指定的尺寸来显示字符串
fromCharCode()	从字符编码创建一个字符串
indexOf()	检索字符串
italics()	使用斜体显示字符串
lastIndexOf()	从后向前搜索字符串
link()	将字符串显示为链接
localeCompare()	用本地特定的顺序来比较两个字符串
match()	找到一个或多个正则表达式的匹配
replace()	替换与正则表达式匹配的子串
search()	检索与正则表达式相匹配的值
slice()	提取字符串的片段，并在新的字符串中返回被提取的部分
small()	使用小字号来显示字符串
split()	把字符串分割为字符串数组
strike()	使用删除线来显示字符串
sub()	把字符串显示为下标
substr()	从起始索引号提取字符串中指定数目的字符
substring()	提取字符串中两个指定的索引号之间的字符
toLocaleLowerCase()	把字符串转换为小写
toLocaleUpperCase()	把字符串转换为大写
toLowerCase()	把字符串转换为小写
toUpperCase()	把字符串转换为大写
toSource()	代表对象的源代码
toString()	返回字符串
valueOf()	返回某个字符串对象的原始值

7.5.3 字符串的应用

关于字符串的应用场景非常之多，这里主要列举一些常见的用法，帮助读者更好地理解字符串的属性和方法，为字符串的应用打下基础。

1．字符串转换

字符串转换是最基础的要求和工作，将任何类型的数据都转换为字符串，可以用如下方法。

```
var num= 19; // 19
var myStr = num.toString(); // "19"
```
同样可以如下这么做。
```
var num= 19; // 19
var myStr = String(num); // "19"
```
或者，如下这样再简单点。
```
var num= 19; // 19
var myStr = "" +num; // "19"
```

2. 字符串分割

字符串分割即将一个字符串分割为多个字符串，JavaScript 中提供了一个非常方便的函数，例如如下代码。

```
var myStr = "I,Love,You,Do,you,love,me";
var substrArray = myStr.split(",");
// 返回一个数组，值为 ["I", "Love", "You", "Do", "you", "love", "me"];
var arrayLimited = myStr.split(",", 3);
// 返回数组的最大长度["I", "Love", "You"];
```

3. 获取字符串长度

字符串长度是在开发中经常要用到的，获取字符串长度的代码非常简单，具体如下。

```
var myStr = "I,Love,You,Do,you,love,me";
var myStrLength = myStr.length; //25
```

4. 查询子字符串

很多人都会忘记如下几个 JavaScript 的自带方法，或者忘记它们的具体用法，从而导致在做题的时候不得不嵌套 for 循环来做。

第一个函数：indexOf()，它从字符串的开头开始查找，找到则返回对应坐标，找不到返回-1，代码如下。

```
var myStr = "I,Love,you,Do,you,love,me";
var index = myStr.indexOf("you");  // 7 ,基于0开始,找不到返回-1
```

第二个函数：lastIndexOf()，它从字符串的末尾开始查找，找到则返回对应坐标，找不到返回-1，代码如下。

```
var myStr = "I,Love,you,Do,you,love,me";
var index = myStr.lastIndexOf("you");  // 14
```

以上两个函数同样接受第二个可选的参数，表示开始查找的位置。

5. 字符串替换

查到字符串后，一般还经常需将其替换为自己定义的字符串，例如如下代码。

```
var myStr = "I,love,you,Do,you,love,me";
var replacedStr = myStr.replace("love","hate");
//"I,hate,you,Do,you,love,me"
```

默认只替换第一次查找到的，若要全局替换，若要置上正则全局标识，代码如下。

```
var myStr = "I,love,you,Do,you,love,me";
var replacedStr = myStr.replace(/love/g,"hate");
//"I,hate,you,Do,you,hate,me"
```

6. 查找给定位置的字符或其字符编码值

若要查找给定位置的字符，可以使用如下函数。

```
var myStr = "I,love,you,Do,you,love,me";
var theChar = myStr.charAt(8);// "o",同样从0开始
```

同样，它的一个兄弟函数就是查找对应位置的字符编码值，代码如下。

```
var myStr = "I,love,you,Do,you,love,me";
var theChar = myStr.charCodeAt(8); //111
```

7. 字符串连接

字符串连接操作可以简单到只用一个加法运算符搞定，代码如下。

```
var str1 = "I,love,you!";
var str2 = "Do,you,love,me?";
var str = str1 + str2 + "Yes!";
//"I,love,you!Do,you,love,me?Yes!"
```

同样，JavaScript 也自带了相关的函数，代码如下。

```
var str1 = "I,love,you!";
var str2 = "Do,you,love,me?";
var str = str1.concat(str2);
//"I,love,you!Do,you,love,me?"
```

其中，concat()函数可以有多个参数，传递多个字符串，拼接多个字符串。

8. 字符串切割和提取

有如下所述三种可以从字符串中抽取和切割的方法。

第一种，使用 slice()，代码如下。

```
var myStr = "I,love,you,Do,you,love,me";
var subStr = myStr.slice(1,5);   //",lov"
```

第二种，使用 substring()，代码如下。

```
var myStr = "I,love,you,Do,you,love,me";
var subStr = myStr.substring(1,5); //",lov"
```

第三种，使用 substr()，代码如下。

```
var myStr = "I,love,you,Do,you,love,me";
var subStr = myStr.substr(1,5); //",love"
```

与第一种和第二种不同的是，substr()第二个参数代表截取的字符串的最大长度，而不是结束位置。

9. 字符串大小写转换

```
var myStr = "I,love,you,Do,you,love,me";
var lowCaseStr = myStr.toLowerCase();//"i,love,you,do,you,love,me";
var upCaseStr = myStr.toUpperCase();//"I,LOVE,YOU,DO,YOU,LOVE,ME"
```

10. 字符串比较

比较两个字符串，比较规则是按照字母表顺序，代码如下。

```
var myStr = "chicken";
var myStrTwo = "egg";
var first = myStr.localeCompare(myStrTwo); // -1
first = myStr.localeCompare("chicken"); // 0
first = myStr.localeCompare("apple"); // 1
```

11. 综合应用

对字符的属性和方法有所掌握以后，最后来看一个相对综合一点的应用：针对一个长字符串，比如"Early to bed and early to rise makes a man healthy, wealthy and wise."，可以通过设定一个固定的左右边界来查找被这个左右边界夹着的那一个子字符串，比如设置左边界为"rise"，右边界为"and"，那么被左右边界夹着的子字符串为 "makes a man healthy, wealthy"。

算法实现的基本思路：首先通过字符串方法 indexOf()来查找到左边界"rise"的起始位置，即 r 的位置，再加上左边界的长度，则可以获取到被查找字符串的起始位置；然后获取从该目标字符串的起始位置开始，到第一个出现右边界"and"的位置，再利用 substring 来获取到该目标子字符串。我们来看看具体的代码实现，此处直接使用函数的方式，目标字符串、左右边界都通过形式参数传递进来，让代码的重用性更高，实现代码如下。

```
// 字符串查找
function searchString(source, left, right) {
    var leftLen = left.length;
    var posLeft = source.indexOf(left);
    var postStart = posLeft + leftLen;
    var source = source.substring(postStart);
    var posRight = source.indexOf(right);
```

```
    var destStr = source.substring(0, posRight);
    return destStr;
}


// 调用该函数进行简单的测试
var source = "Early to bed and early to rise makes a man healthy, wealthy
            and wise.";
document.write(searchString(source, "rise", "and"));
```

运行上述代码，输出结果与期望结果完全一致：

```
makes a man healthy, wealthy
```

12. 字符串的应用练习

最后列举如下一些字符串的应用练习，供读者参考。

（1）编写函数 trim，将字符串首尾的所有空格全部删除。

（2）将字符串中_后面的小写字母变大写，并且删除_。

（3）删除字符串中所有数字。

（4）统计字符串中各字符在字符串中出现的数量。

第8章

文档对象模型

（1）充分理解JavaScript在查找元素方面的用法。

（2）熟练运用JavaScript操作HTML文档元素，包括对元素的增删改等操作。

（3）熟练运用JavaScript操作CSS属性。

（4）熟练运用JavaScript操作表格和其他重要元素。

本章导读：

■ 本章主要介绍 JavaScript 针对 HTML 文档元素（即 DOM）和 CSS 属性进行的各种操作，包括利用 JavaScript 操作 DOM 的统一方法完成一些页面的批量处理，以及一些动态操作，让页面更加具备动态效果，便于与用户进行更好的交互。

8.1 Document 对象

8.1.1 对象集合

前文中的 JavaScript 代码一直在使用 Document 对象（如 document.write 方法往页面中输出内容），虽然 Document 对象仍然属于 Windows 对象，但是这个对象有很多属性和方法，而且在使用 JavaScript 操作 HTML 元素时起关键作用，所以这里进行单独讲解。Document 对象集合如表 8-1 所示。

表 8-1　Document 对象集合

集合	描述
all[]	提供对文档中所有 HTML 元素的访问
anchors[]	返回对文档中所有 Anchor 对象的引用
Applets[]	返回对文档中所有 Applet 对象的引用
forms[]	返回对文档中所有 Form 对象的引用
images[]	返回对文档中所有 Image 对象的引用
links[]	返回对文档中所有 Area 和 Link 对象的引用

所谓对象的集合，是指调用 Document 的集合便可以获取该页面中该类型的所有元素，并且返回的是一个数组，该数组内保存着所有元素。例如如下代码示例。

```
          <!DOCTYPE html>
<html>
<head lang="en">
   <meta charset="UTF-8">
   <title>Document对象集合</title>
   <script>
       var allImages = document.images;      // 获取所有图像元素
       document.write(allImages[0].src);     // 输出第一个图像的src属性
       var allLinks = document.links;        // 获取所有超链接元素
       document.write(allLinks[1].href);     // 输出第二个超链接的href属性
   </script>
</head>
<body>
   <img src="../image/woniufamily.png" width="150"/>
   <img src="../image/woniufamily.png" width="150" />
   <img src="http://www.woniuxy.com/learn/train/page/woniufamily.png"
           width="150"/>
   <br/>
   <a href="http://www.woniuxy.com/">
      <img src="../image/logo-green.png" align="middle" width="150">
   </a>
   <a href="http://www.baidu.com/">百度一下</a>
</body>
</html>
```

上述代码为页面定义了 4 张图片、两个超链接，使用 document.images;获取所有图像，然后通过 allImages[0]读取数组元素的方式获取第一个图片（即页面中首先出现的图片）的 src 属性。运行该代码，输出结果如图 8-1 所示。

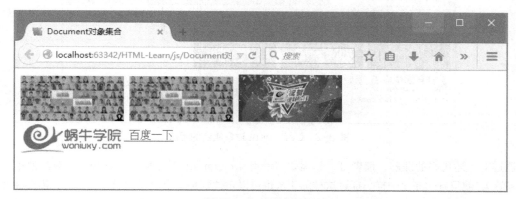

图 8-1　一个普通页面

从结果中可以看到，图片和超链接元素都是正常显示的，没有任何问题。但是在 JavaScript 中调用的两行 document.write()并没有输出任何内容。这是怎么回事呢？其实这也是容易出错的地方，代码的顺序有问题。由于在上述 HTML 中，JavaScript 代码会首先运行，而这个时候浏览器还没有来得及渲染图像和超链接，所以使用 document.images 并不会取得所有图像元素。此时我们只需要将 JavaScript 的代码调整在 HTML 元素的后面执行即可，代码如下。

```html
                    <!DOCTYPE html>
<html>
<head lang="en">
    <meta charset="UTF-8">
    <title>Document对象集合</title>
</head>
<body>
    <img src="../image/woniufamily.png" width="150"/>
    <img src="../image/woniufamily.png" width="150" />
    <img src="http://www.woniuxy.com/learn/train/page/woniufamily.png"
            width="150"/>
    <br/>
    <a href="http://www.woniuxy.com/">
        <img src="../image/logo-green.png" align="middle" width="150">
    </a>
    <a href="http://www.baidu.com/">百度一下</a>

    <script>
        var allImages = document.images;          // 获取所有图像元素
        document.writeln(allImages[0].src);        // 输出第一个图像的src属性
        var allLinks = document.links;             // 获取所有超链接元素
        document.writeln(allLinks[1].href);          // 输出第二个超链接的href属性
    </script>
</body>
</html>
```

使用这种方式，就可以成功地获取所有图像和超链接元素，上述代码的运行结果如图 8-2 所示。

图 8-2　Document 对象集合的用法

通过对上述代码的理解，读者可以掌握如何使用 Document 对象集合的方法。针对其他集合（如 forms 等），使用方式完全一样。通过这样的手段也可以定位到某一个确切的元素。另外，需要注意代码的执行顺序问题，因为从本章开始代码已经牵涉到要直接操作 HTML 元素了，所以必须有一个前提，就是代码执行的时候，HTML 元素已经准备就绪，否则无法操作该元素。

8.1.2　对象属性

了解了 Document 对象的常见对象集合以及使用方式后，再来看看 Document 对象所拥有的属性，如表 8-2 所示。

表 8-2　Document 对象属性

属性	描述
body	提供对\<body>元素的直接访问，同时可以访问 body 元素的所有属性。如果该页面定义了框架集的文档，该属性将会直接引用最外层的\<frameset>
cookie	设置或返回与当前文档有关的所有 cookie
domain	设置或返回当前文档的域名
lastModified	返回文档最后修改的日期和时间
referrer	返回载入当前文档的 URL
title	设置或返回当前文档的标题
URL	返回当前文档的 URL

下面通过如下一段简单的代码来了解上述属性的用法。

```html
<!DOCTYPE html>
<html>
<head lang="en">
    <meta charset="UTF-8">
    <title>这是一个JS页面</title>
</head>
<body bgcolor="#7fffd4">
    <script>
        document.write(document.title);        // 输出页面标题
        document.write("<br/>");
        document.title = "这是页面的新标题";       // 重新设置页面标题
        document.write(document.title);        // 输出页面新标题
        document.write("<br/>");
```

```
        document.write(document.body.bgColor);// 输出页面的背景色
        document.write("<br/>");
        document.write(document.URL);          // 以URL编码格式输出地址
        document.write("<br/>");
        document.write(document.lastModified);// 输出页面最后更新日期
        document.write("<br/>");
        document.write(document.cookie);       // 输出页面的Cookie, 此处为空
        document.write("<br/>");
        document.body.bgColor = "red";          // 将页面的颜色修改为红色
    </script>
</body>
</html>
```

上述代码的运行效果如图 8-3 所示。

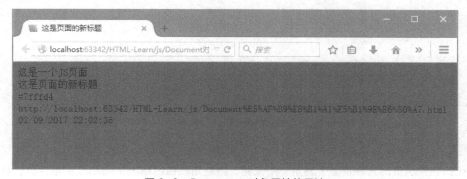

图 8-3　Document 对象属性的用法

上述代码的重点在于使用 Document 对象的属性的时候，这些属性是可读写的，所以不单可以获取这些属性的值，还可以设置它们的值。比如本来页面的标题是"这是一个 JS 页面"，这里通过 document.title 直接将页面的标题修改成"这是页面的新标题"；还有页面的背景颜色，也将其从绿色修改为了红色。

8.1.3　对象方法

Document 对象除了集合属性和普通属性外，也内置了一些特别的方法，如表 8-3 所示。

表 8-3　Document 对象方法

方法	描述
close()	关闭用 document.open() 方法打开的输出流，并显示选定的数据
getElementById()	返回对拥有指定 ID 的第一个对象的引用
getElementsByClassName ()	返回拥有相同 CSS 类属性值的对象集合
getElementsByName()	返回带有指定名称的对象集合
getElementsByTagName()	返回带有指定标签名的对象集合
open()	打开一个流，以收集来自任何 document.write() 或 document. writeln()方法的输出
write()	向文档写 HTML 表达式或 JavaScript 代码
writeln()	等同于 write()方法，不同的是在每个表达式之后写一个换行符，但是由于浏览器无法正确处理换行符，所以无效

比如我们常用的 document.write 方法，或者 getElementXXX()一类方法。查找文档元素的几个方法我们将在下一节当中详细介绍。所以此我们仅以 document.open 和 close 方法进行示例演示，代码如下。

```html
<!DOCTYPE html>
<html>
<head lang="en">
    <meta charset="UTF-8">
    <title>Document对象方法演示</title>
</head>
<head>
    <script>
        function createNewDoc() {
            var newDoc=document.open("text/html","replace");
            var txt="<html><body>学习HTML非常有趣！</body></html>";
            newDoc.write(txt);
            newDoc.close();
        }
    </script>
</head>
<body>
    <input type="button" value="打开并写入新文档"
                        onclick="createNewDoc()">
</body>
</html>
```

上述代码正常运行时将在页面上显示一个按钮，当使用按钮的单击（onclick）事件时，将调用函数 createNewDoc，此时页面中的按钮将消失，页面的标题也将消失，相当于打开了一个新的页面。

8.2 查找 DOM 元素

8.2.1 DOM 简介

1. 什么是 DOM

V8-1 DOM 操作

DOM 全称是 Document Object Model（文档对象模型），是为 HTML 和 XML 提供的 API。DOM 可以同时提供给 HTML 和 XML 编程接口，虽然它们用来标记的标签不同，但是它们本质的结构是相同的。换句话说，按照 DOM 的标准，HTML 和 XML 都是以标签为节点构造的树结构，DOM 将 HTML 和 XML 相同的结构本质抽象出来，然后通过脚本语言，如 JavaScript，按照 DOM 里的模型标准访问和操作文档内容。

2. 什么是文档树

要理解文档树，可先了解一下节点的概念，在 DOM 规范中，对节点的定义比较简单，就是 HTML 文档中的每个成分都是一个节点。比如，整个文档是一个文档节点，一个 HTML 标签是一个标签节点，一段 HTML 文本是一个文本节点，一个 HTML 属性是一个属性节点。例如如下 HTML 代码。

```html
<html>
<head>
    <title>文档标题</title>
</head>
```

```
<body>
    <h1>我的标题</h1>
    <a href="http://www.wonixy.com">我的链接</a>
</body>
</html>
```

对上述 HTML 代码按照层次绘制一个节点图，如图 8-4 所示。

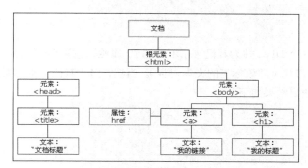

图 8-4　HTML 文档节点

节点彼此间都有等级关系，HTML 文档中的所有节点组成了一个文档树（或称为节点树）。HTML 文档中的每个元素、属性、文本等都代表着树中的一个节点。树起始于文档节点，并由此继续伸出枝条，直到处于这棵树最低级别的所有文本节点为止。

上面所有节点彼此间都存在关系。除文档节点之外的每个节点都有父节点。例如，<head>和<body>的父节点是<html>节点，超链接文本节点"我的链接"的父节点是<a>节点。大部分元素节点都有子节点。比方说，<head>节点有一个子节点<title>节点。<title>节点也有一个子节点文本节点"文档标题"。当节点分享同一个父节点时，它们就是同辈（同级节点）。比方说，<h1>和<a>是同辈，因为它们的父节点均是 <body> 节点。节点也可以拥有后代，后代指某个节点的所有子节点，或者这些子节点的子节点，以此类推。比方说，所有的文本节点都是 <html>节点的后代，而第一个文本节点是<head>节点的后代。节点也可以拥有先辈，先辈是某个节点的父节点，或者父节点的父节点，以此类推。比方说，所有的文本节点都可把<html>节点作为先辈节点。

DOM 规范就是严格按照这样的文档树结构来进行操作的。这是从理论上理解 DOM，后续章节将通过 JavaScript 代码来进行实际操作，从而更好地理解其操作要点。

8.2.2　通过 ID 查找

在 HTML 中，任何一个标签元素都拥有一个固定的属性 ID，也就是说可以给任意标签元素设置一个 ID 属性，而且 ID 属性在页面当中是唯一的。

既然每个元素的 ID 是唯一的，就可以通过 ID 来对元素进行查找。在 Document 对象中，可以使用方法 getElementById()来查找一个元素并对其进行操作。先来通过一个具体的示例了解其用法，代码如下。

```
<!DOCTYPE html>
<html>
<head lang="en">
    <meta charset="UTF-8">
    <title>DOM-ID查找</title>
</head>
<body>
    <div id="div1">这是第一个DIV</div>
```

```
    <div id="div2">这是第二个DIV</div>
    <div id="div3">这是第三个DIV</div>
    <script>
        var mydiv = document.getElementById("div1");
        document.write("<p/>");
        document.write("DIV1的文本是： " + mydiv.innerHTML);
    </script>
</body>
</html>
```

上述代码中定义了 3 个 DIV，并为其设置了不同的 ID 属性，这样就可以通过该 ID 属性来获取该 DIV 元素，并获取其 innerHTML（即该标签的文本内容）。当然，对于其他标签元素来说，道理都是一样的。上述代码在浏览器中的输出结果如下。

```
这是第一个DIV
这是第二个DIV
这是第三个DIV
DIV1的文本是：这是第一个DIV
```

HTML 中的代码和元素存在执行上的先后顺序，所以 JavaScript 代码都必须要放在标准 HTML 元素的后面才行。当然，针对这种情况，也有比较简单的解决方案，比如在页面中加入一个按钮，将 JavaScript 放入函数中，单击这个按钮的时候再执行代码。这样，页面中的元素必然已经加载完成，JavaScript 当然就可以操作该元素了，不会有任何问题。除此之外，还有一种相对更加简单的方法，就是直接让函数响应<body>标签的 onload 事件，例如如下代码，顺便再强化一下 DOM 操作。

```html
<!DOCTYPE html>
<html>
<head lang="en">
    <meta charset="UTF-8">
    <title>查找DOM元素</title>
    <script>

        function fillContent() {
            var div = document.getElementById("mydiv");
            div.innerHTML = "你好，欢迎来到蜗牛学院学习！";
            document.getElementById("mytext").value = "123456";
        }

    </script>
</head>
<body onload="fillContent()">          <!-- 当页面加载时调用fillContent进行处理 -->
    <div id="mydiv"></div>
    <input type="text" value="" id="mytext" />
</body>
</html>
```

上述代码的运行结果如图 8-5 所示。

图 8-5　利用 ID 属性操作 DOM

该运行结果同样实现了代码的预期效果，第一个 DIV 的元素里面有了文本内容，第二个文本框里面也有了初始值，这些都是 JavaScript 操作 DOM 的结果。

8.2.3 通过标签查找

既然可以通过 ID 来对页面元素进行唯一查找，当然也可以通过其他一些属性甚至标签来对页面的元素进行查找。根据文档树可以知道，任何文档树中的节点都是可以被查找到的，甚至通过父子节点的关系都可以完成元素的定位，就像 CSS 选择器一样。

本节主要介绍如何通过标签来对元素进行查找。由于一个页面中可以重复使用多个相同的标签，所以无法对标签进行唯一定位，通过标签可以查找到的元素一定是一个集合数组。所以，document 对象的方法 getElementsByTagName()是一个复数 elements，而不像 ID 的查找那样，其方法名称为一个单数 element，这里通过如下代码演示其用法。

```html
<!DOCTYPE html>
<html>
<head lang="en">
    <meta charset="UTF-8">
    <title>DOM-TagName查找</title>
</head>
<body>
    <div id="div1">这是第一个DIV</div>
    <div id="div2">这是第二个DIV</div>
    <div id="div3">这是第三个DIV</div>
    <a href="http://www.baidu.com/">百度一下</a><br/>
    <a href="http://www.woniuxy.com/">蜗牛学院</a><br/>

    <script>
        // 根据标签名获取所有DIV元素，并遍历输出其内容w
        var allDiv = document.getElementsByTagName("div");
        for (var i=0; i<allDiv.length; i++) {
            document.write("<br/>");
            document.write("DIV的文本是：" + allDiv[i].innerHTML);
        }
        document.write("<p/>");

        // 通过标签名获取所有超链接，并输出第二个超链接的地址
        var allLink = document.getElementsByTagName("a");
        document.write("第二个超链接是：" + allLink[1].href);
    </script>
</body>
</html>
```

上述代码演示了如何使用 getElementsByTagName()方法来获取页面中的所有标签元素，并利用数组取值的方式对元素进行遍历或处理。可以看出，这种方式很难精准地定位一个元素，而且不够稳定，如果在页面中增加或者删除了一个标签元素，那么这个数组的下标将会发生变化，就需要同步修改代码，以保证其正确查找到目标元素。所以，从这个角度来说，包括从代码的处理性能上来看，通过 ID 号来唯一查找一个元素是最高效也最稳定的一种方法。所以，建议操作 DOM 元素的时候优先通过 ID 查找。上述代码在浏览器中的输出结果为。

这是第一个DIV
这是第二个DIV

这是第三个DIV
<u>百度一下</u>
<u>蜗牛学院</u>

DIV的文本是：这是第一个DIV
DIV的文本是：这是第二个DIV
DIV的文本是：这是第三个DIV

第二个超链接是：http://www.woniuxy.com/

8.2.4　通过 Class 查找

前文介绍了 CSS 选择器，其实在 DOM 的元素查找过程中，使用的方法非常类似。既然元素有 ID 属性，也可以通过 ID 来定位。元素有标签，可以通过标签来定位；元素也有 Class 属性，也可以通过 Class 属性来定位一个元素。

由于 Class 属性在页面中也是可以重复设置的，与标签一样，所以通过 Class 属性也会查找到多个元素，所以其方法也是复数形式 getElementsByClassName()，这里通过如下代码描述其具体用法。

```html
<!DOCTYPE html>
<html>
<head lang="en">
    <meta charset="UTF-8">
    <title>DOM-Class查找</title>
</head>
<body>
<div class="my-style">这是第一个DIV</div>
<div class="my-style">这是第二个DIV</div>
<div class="my-style">这是第三个DIV</div>
<script>
    var allDiv = document.getElementsByClassName("my-style");
    for (var i=0; i<allDiv.length; i++) {
        document.write("<br/>");
        document.write("DIV的文本是：" + allDiv[i].innerHTML);
    }
</script>
</body>
</html>
```

上述代码在浏览器中的输出结果如下。

这是第一个DIV
这是第二个DIV
这是第三个DIV

DIV的文本是：这是第一个DIV
DIV的文本是：这是第二个DIV
DIV的文本是：这是第三个DIV

关于 Class 的元素操作，再介绍一个相对复杂的练习。该练习结合了 HTML、CSS、JavaScript 三个网页的核心要素，通过代码的方式来完成一个动态添加 DIV 内容的操作，也让读者对一个标准网页的基本结构有更全面的理解，代码如下。

```html
<!DOCTYPE html>
<html>
```

```
<head lang="en">
    <meta charset="UTF-8">
    <title>查找元素集合</title>
    <style>
        .myclass {
            width: 300px;
            height: 150px;
            background-color: #ff7448;
            font-size: 30px;
            text-align: center;
            vertical-align: middle;
            line-height: 150px;
            margin:5px;
            float: left;
        }
    </style>

    <script>
        function fillText() {
            var alldiv = document.getElementsByClassName("myclass");
            for (var i=0; i<alldiv.length; i++) {
                alldiv[i].innerHTML = "这是DIV的内容: " + (i+1);
            }
        }
    </script>
</head>
<!-- 请思考为什么必须在body的onload事件中调用fillText()函数 -->
<body onload="fillText()">
    <div class="myclass"></div>
    <div class="myclass"></div>
    <div class="myclass"></div>
    <div class="myclass"></div>
</body>
</html>
```

上述代码的运行结果如图 8-6 所示。

图 8-6　利用 Class 属性操作 DOM

8.2.5　通过 Name 查找

基于前面内容的学习，再来理解通过 Name 属性查找一个元素会非常容易。简单举例如下。

```html
<!DOCTYPE html>
<html>
<head lang="en">
<meta charset="UTF-8">
<title>DOM-Name查找</title>
</head>
<body>
    <div name="mydiv">这是第一个DIV</div>
    <div name="mydiv">这是第二个DIV</div>
    <div name="mydiv">这是第三个DIV</div>
    <script>
        var allDiv = document.getElementsByName("mydiv");
        for (var i=0; i<allDiv.length; i++) {
        document.write("<br/>");
        document.write("DIV的文本是：" + allDiv[i].innerHTML);
    }
    </script>
</body>
</html>
```

其在浏览器中的输出结果如下。

```
这是第一个DIV
这是第二个DIV
这是第三个DIV


DIV的文本是：这是第一个DIV
DIV的文本是：这是第二个DIV
DIV的文本是：这是第三个DIV
```

8.2.6　DOM 操作练习

学习了 DOM 操作的基础知识后，本小节将完成如下两个练习。

1. 25 宫格

利用 JavaScript 操作 DIV 完成一个稳定的 25 宫格布局，期望效果如图 8-7 所示。

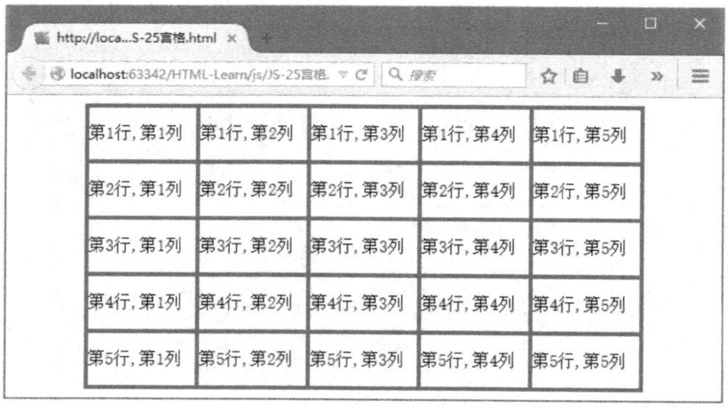

图 8-7　25 宫格

先来梳理一下解题思路，如果单纯用标准的 DIV 布局加手工内容来完成一个 25 宫格，将是非常简单的事情，无非就是重复粘贴 25 次 DIV 元素和内容，将内容修改一下，并设置可浮动元素即可。所以本题并不难，但是如果要求把 25 宫格变成 10000 宫格甚至更多，显然需要更加优雅简洁的方法来实现。

利用 JavaScript 程序便可以实现这样的效果，就像可以利用循环语句可以快速完成一些重复的工作一样，这种所有格子长得都挺像的布局，完全可以用代码来快速实现，并且可以很灵活地调整格子数，就像调整一个循环变量那样简单。

本题最好的解决方案肯定是使用循环，不停地往浏览器中写入一个一个的 DIV 元素，比如下述代码可以往浏览器中写入 10 个 DIV。

```
<script>
for (var i=1; i<=10; i++) {
    document.write("<div style='width: 100px; height: 100px;
        border: solid 2px #5948ff; float: left'></div>");
    }
</script>
```

其运行效果如图 8-8 所示。

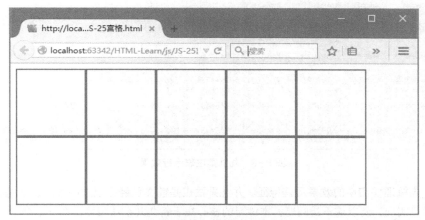

图 8-8　利用代码生成 10 宫格

当然，就算要生成 100 个 1000 个宫格都不是问题，只需要简单修改其循环变量即可。只是这样生成的 DIV 是没有问题，但并不稳定，会随着浏览器的宽度变化而变化，显然无法满足对于稳定的理解，同时里面的内容也并没有调整好，所以还得寻找更好的解决方案。

先来解决稳定的问题，可以通过设置一个外层 DIV 来包围一个 5 行 5 列的 DIV 容器。这样就可以实现稳定，不再随浏览器窗口宽度的变化而变化。

那么，另一个问题就是还需要在各个宫格中添加内容，而且内容是按行按列分别命名的，所以这个时候，可以使用双重循环，外循环负责行，内循环负责列，并且宫格中的内容由循环变量进行处理。

有了上述的基本思路以后，编写具体的实现代码如下

```
<script>
    document.write("<div style='width: 520px; height: 270px; border: solid 2px #5948ff;
    margin: auto'>");
    for (var i=1; i<=5; i++) {
        for (var j=1; j<=5; j++) {
            document.write("<div style='width: 100px; height: 50px; border: solid 2px
#5948ff; float: left; line-height: 50px;'>");
```

```
            document.write("第" + i + "行,第" + j + "列");
            document.write("</div>");
        }
    }
    document.write("</div>");
</script>
```

2. 九九乘法表

第二个练习，利用 JavaScript 操作 DIV 完成一个九九乘法表，期望效果如图 8-9 所示。

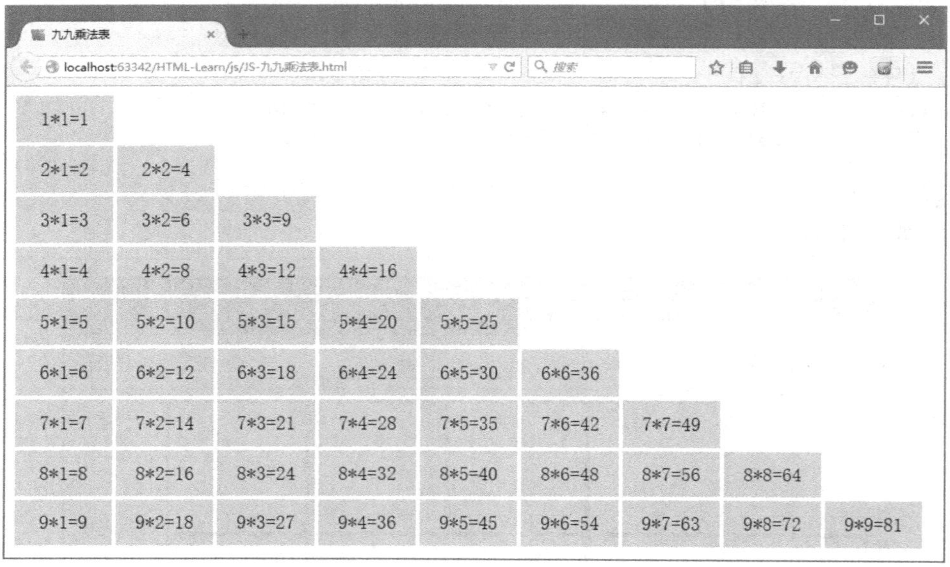

图 8-9　九九乘法表运行效果

　　同样的，先梳理要实现的效果及其特征。九九乘法表是前文已经完成过的练习，就是一个简单的二维循环嵌套即可实现，所以这不是问题。本练习的核心在于将九九乘法表输出在一个个 DIV 中，并且这些 DIV 还需要实现一个个梯形。通过该练习，读者将可以更好地将 JavaScript 和 DOM 元素进行结合。

　　所以在解决此问题的过程中，不妨将问题进行细化，既然已经解决了乘法表的问题，那么现在的核心问题就在于如何解决由 DIV 构成一个梯形的问题，这一问题得以解决后，两者再做简单的结合将变得容易。

　　那么究竟如何实现一个梯形布局呢？其实方法有很多种，不妨来看看比较常见而且理解相对容易的一种实现方式：使用 DIV 作为行级元素的特征，每一行用一个父 DIV 进行包裹进而实现稳定，而每一行的宽度由于是变化的，可以利用 JavaScript 的循环变量来进行灵活的宽度设置。

　　关于具体的实现思路，不妨先来看看以下代码，以下代码用硬编码的方式实现了四层的梯形，读者可以通过这一实现来寻找其中的规律。

```
<style>
    .cell {
        width: 100px;
        height: 50px;
        background-color: aquamarine;
        margin: 2px;
        float: left;
    }
}
```

```
</style>
</head>
<body>
    <div style="width: 104px; height: 54px;">
        <div class="cell"></div>
    </div>

    <div style="width: 208px; height: 54px;">
        <div class="cell"></div>
        <div class="cell"></div>
    </div>

    <div style="width: 312px; height: 54px;">
        <div class="cell"></div>
        <div class="cell"></div>
        <div class="cell"></div>
    </div>

    <div style="width: 416px; height: 54px;">
        <div class="cell"></div>
        <div class="cell"></div>
        <div class="cell"></div>
        <div class="cell"></div>
    </div>
</body>
```

从上述代码中可以看到，第一行都使用了一个父 DIV 容器来包裹一个显示内容的 DIV 子容器，第一行一个子容器，第二行两个子容器，第三行三个，以此类推。由于 DIV 默认都是换行的，所以除了宽度和高度的必须属性外，不需要为父 DIV 设置任何其他特殊属性，也不需要使用它的边框和背景来显示该父容器。只是每一行由于包含的子 DIV 数量不同，所以需要的宽度是不一样的，而这个宽度也是有规律的，即 104、208、312、416，这些值其实都是 104 的 N 倍，这里的 N 可以用循环变量来取得。

同时，每一个子容器的属性都是一样的，所以可以直接指定一个 CSS 的类选择器来为这些子容器指定样式。这样代码看上去也是比较简洁明了的。

再结合编码实现的方式实现 9 层甚至更多层。第一层一列，第二层两列，第 N 层则对应 N 列；使用循环变量 i 来定义第 i 层，使用循环变量 j 来定义第 j 列，这与九九乘法表的 i 和 j 双重循环是刚好吻合的。具体实现代码如下：

```
<script>
    for (var i=1; i<=9; i++) {
        var out1 = "<div style='width: " + (i*104) + "px; height: 54px;'>";
        document.write(out1);
        for (var j=1; j<=i; j++) {
            var out2 = "<div style='width: 100px; height: 50px; " +
                    "background-color: aquamarine; margin: 2px; " +
                    "float: left; text-align: center; " +
                    "font-size: 20px; line-height: 50px;'>";
            document.write(out2);
            document.write(i + "*" + j + "=" + i*j);  // 输出内容
            document.write("</div>");
        }
```

```
        document.write("</div>");
    }
</script>
```

上述代码使用了一个简单的双重循环，在外层循环里解决了一行的问题，这一行的父 DIV 容器宽度是根据循环变量 i 进行动态调整的。内层循环里解决列的问题，由于第 1 行只有 1 列，而第 2 行有 2 列，第 3 行有 3 列，所以内层循环变量 j 的循环次数由外层循环变量 i 的值来决定。

综上所述，在面对一些相对复杂而又重复性较强的工作的时候，使用 JavaScript 编程的方式实现页面的排版布局将会更加方便，代码也更加简洁明了。期望读者能够通过以上两个练习认真体会编程的作用和乐趣。

8.3　操作 DOM 元素

V8-2　DOM 操作

8.3.1　DOM 的属性与方法

1. DOM 的属性

通过前面对 DOM 的基础知识的了解可以知道，DOM 的核心构成就是节点，所以在对 DOM 的各种操作过程中，节点是完成操作的核心，比如 DOM 元素常见的属性中都是有关于节点的操作，详细如表 8-4 所示。

表 8-4　DOM 的属性

属性	描述
nodeName	返回节点的名字
nodeType	返回一个整数，代表这个节点的类型，1 代表元素节点，2 代表属性节点，3 代表文本节点
nodeValue	返回一个字符串，是这个节点的值
childNodes	返回一个数组，数组由元素节点的子节点构成
firstChild	返回第一个子节点
lastChild	返回最后一个子节点
nextSibling	返回目标节点的下一个兄弟节点，如果目标节点后面没有同属于一个父节点的节点，则返回 null
previousSibling	返回目标节点的前一个兄弟节点，如果目标节点前面没有同属于一个父节点的节点，则返回 null
parentNode	返回的节点永远是一个元素节点，因为只有元素节点才有可能有子节点，document 节点将返回 null

2. DOM 的方法

DOM 所具备的常见方法以及对应的用法如下所述。

（1）创建节点 createElement()

代码：var node = document.createElement("div");

表示创建一个元素节点，但这个节点不会被自动添加到文档（document）里。

（2）创建文本节点 createTextNode()

代码：var value = document.createTextNode("text");

表示创建一个文本节点，常用来往元素节点里添加内容，也不会自动添加到文档里。

很多人知道 innerHTML，但不知道这个方法，这个添加的是静态文本，如果插入的内容不带 HTML 格式，用 createTextNode 比 innerHTML 安全，而 innerText 又有浏览器不兼容的问题，因此用 createTextNode 会更好。

（3）插入节点到最后 appendChild()

代码：node.appendChild(value);

表示，将不会自动添加到文档里的节点插入到最后。如果是新的节点则插入到最后，而如果是已经存在的节点，则是移动到最后，这点很多人可能注意不到，理解了这点，再和下面的方法结合，即可以方便地移动操作节点。

（4）插入节点到目标节点的前面 insertBefore()

代码：var node = document.createElement("div");

```
        var _p = document.createElement("p");
        var _span = document.createElement("span");
        node.appendChild(_p);
        node.insertBefore(_span, _p);
```

表示<span>节点在<p>节点前面插入；其中第二个参数是可选，如果第二个参数不写，将默认添加到文档的最后，相当于 appendChild。如果是已存在的节点，appendChild 和 insertBefore 都会先自动删除原节点，然后移动到指定的位置。

（5）复制节点 cloneNode()

代码：node.cloneNode(true);

```
  node.cloneNode(false);
```

复制上面的 div 节点，参数为 true 时，复制整个节点和里面的内容；为 false 时，只复制节点而不要里面的内容，复制后的新节点也不会被自动插入文档，需要用到 appendChild()和 inserBefore()方法去插入。

（6）删除节点 removeChild

代码：node.removeChild(_p):

表示把上面的<p>节点从<div>里删除。不过一般情况下，不知道要删除的节点的父节点是什么，一般使用 node.parentNode.removeChild(node);

（7）替换节点 repalceChild()

代码：node.repalceChild(_p, _span);

表示把上面的<span>节点替换成<p>节点，注意：无论是<span>还是<p>，都必须是<div>的子节点，或是一个新的节点。

（8）设置节点属性 setAttribute()

代码：node.setAttribute("title","abc");

表示对 node 节点设置其 title 属性值为字符串"abc"，用这个方法设置节点属性兼容好，但 class 属性不能这么设置。

（9）获取节点属性 getAttribute()

代码：node.getAttribute("title"); 表示获取节点的 title 属性。

（10）判断元素是否有子节点 hasChildNodes

代码：node.hasChildNodes;

返回 boolean 类型，将新节点插入最前面的技巧代码如下。

```
var node = document.createElement("div");
```

```
var newNode = document.createElement("p");
if (node.hasChildNodes)
        node.insertBefore(newNode, node.firstChild);
else
        node.appendChild(node);
```

8.3.2 DOM 的新增

对 DOM 的属性和方法的有所了解后，现在来实现一个新增 DOM 的操作，主要实现在页面上单击某个按钮后实现随机增加一批蓝色背景的 DIV 的操作，最终效果如图 8-10 所示。

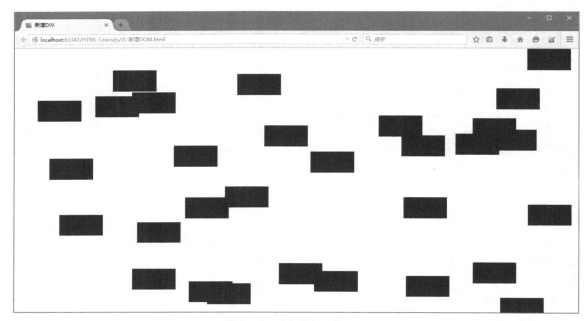

图 8-10　随机增加一批 DIV

现在分析如何实现这样一种通过代码新增 DIV 的方法。新增一个 DOM 元素使用的 DOM 操作的方法一定是："创建节点 createElement()"，既然是新增的 DIV，一定会调用 createElement("div")，具体的实现代码如下。

```
function add() {
    var mydiv = document.createElement("div");
    mydiv.style.width = "100px";   //设置CSS属性的宽度
    mydiv.style.height = "50px";   //设置CSS属性的高度
    mydiv.style.backgroundColor = "blue";   //设置CSS属性的背景色
    document.body.appendChild(mydiv);   // 添加到body节点中
}
```

通过页面加载的方式调用该函数，即<body onload="add()">的方式运行上述代码，便可以将该 DIV 添加到 body 中并显示出来。此处需要注意的是，由于 DIV 默认是没有任何可见格式的，所以代码中还需要为其设置宽、高、背景色或边框等属性，这些需要使用 CSS 属性来进行设置，所以必须要使用节点的 style 属性来加以调用。

有了上述代码基础后，再来实现随机添加的效果就简单了。假设要随机添加 30 个 DIV，背景色都设置为蓝色，还需要考虑 DIV 的位置。这里将所有 DIV 设置为固定定位，并且同样设置其 CSS 的 left 和

top 属性来进行定位，所以需要使用随机数，具体的实现代码如下。

```html
<!DOCTYPE html>
<html>
<head lang="en">
    <meta charset="UTF-8">
    <title>新增DIV</title>
    <script>
        function add() {
            for (var i = 1; i <= 30; i++) {
                var mydiv = document.createElement("div");
                mydiv.style.width = "100px";
                mydiv.style.height = "50px";
                mydiv.style.backgroundColor = "blue";
                mydiv.style.position = "fixed";
                mydiv.style.left = Math.random() * 1300 + "px";
                mydiv.style.top = Math.random() * 700 + "px";
                document.body.appendChild(mydiv);
            }
        }
    </script>
</head>
<body>
    <input type="button" value="增加" onclick="add()"/>
</body>
</html>
```

上述代码根据屏幕的分辨率进行了适当调整，生成一个屏幕左边 1300px 范围内的随机距离和顶部
700px 的随机距离，这样才可以让所有 DIV 产生随机的效果，否则所有 DIV 将会按行平铺，没有随机感。
读者可以自行测试其效果。

8.3.3 DOM 的删除

既然可以新增一个 DOM 元素，当然也可以删除一个 DOM 元素。这里讲基于随机新增 DOM 元素的
代码，介绍如何将新增的 DIV 一次性进行删除，具体的实现代码如下。

```javascript
function del() {
    var allSnow = document.getElementsByTagName("div");
    var length = allSnow.length;
    for (var i = 0; i < length; i++) {
        document.body.removeChild(allSnow[i]);  // 删除body的子节点
        allSnow[0].remove();                     // 直接将该元素删除
        allSnow[i].style.display = "none";  // 设置元素为不可见模拟删除
    }
}
```

上述代码展示了 3 种删除元素的方式，其本质都是一样的，就是先通过 getElementsByTagName
方法遍历当页面中的所有 DIV 元素，然后对其进行删除操作。在删除操作中，优先选择的是第一种方式，
通过调用 body 父容器的 removeChild() 方法来完成删除。另外，也可以使用 JavaScript 的标准方法 remove
来删除任意一个元素，或者采用第三种比较非常规的方式，让 DIV 隐藏，但这种方式并没有真正意义上
将元素删除，但是最终效果是一样的。

8.3.4 DOM 的修改

针对 DOM 元素的修改，主要包括对于其原生属性的修改和 CSS 属性的修改，本节将主要介绍如何修改其原生属性。

本节内容相对容易理解，将通过一个简单的电灯开关的例子讲解其用法。本实例实现的效果如图 8-11 和图 8-12 所示。

图 8-11　灯泡关闭状态

图 8-12　灯泡打开状态

该问题的解决思路比较容易理解，首先需要准备两张大小一样的图片，一张是灯泡关闭的状态，一张是灯泡打开的状态。然后在图片上响应鼠标的单击事件，单击时根据当前灯泡的这个 img 标签对应的 src 属性的值决定使用哪一张图片进行切换，实现打开关闭的效果，具体代码如下。

```html
<!DOCTYPE html>
<html>
<head lang="en">
    <meta charset="UTF-8">
    <title>模拟灯泡的打开关闭</title>
</head>
<body>
<script>
    function changeImage() {
        var element = document.getElementById('myimage');
        if (element.src.match("bulbon")) {  //判断.src属性是否包含bulbon
            element.src="../image/bulboff.gif";
        }
        else {
            element.src="../image/bulbon.gif";
        }
    }
</script>
<div style="width: 250px; margin: auto; text-align: center">
    <img id="myimage" onclick="changeImage()"
                    src="../image/bulboff.gif">
    <p>单击灯泡就可以打开或关闭这盏灯</p>
</div>
</body>
```

```
</html>
```

上述代码通过直接修改图像元素.src 的原生属性来完成对图片源地址的修改，可以看出，使用 JavaScript 来修改 CSS 属性和修改原生属性的唯一区别在于在元素和属性名称之间是否添加 style。直接使用【元素.属性 = 新值】的方式可以修改原生属性的值，如果要修改 CSS 属性的值，则需要使用【元素.style.属性 = 新值】的方式来修改。

另外还需要注意一点，利用 JavaScript 操作 CSS 属性时，其属性的名称与标准的 CSS 属性的名称很像，但是不完全一样。比如标准的 CSS 背景色属性是 "background-color"，而对应的 DOM 接口的名称则为 "backgroundColor"，由于 JavaScript 并不支持短线作为命名规范，所以，CSS 当中很多包含短线的属性在 JavaScript 中都会根据 "驼峰规则" 的命名方式将其进行修改。而且，JavaScript 的代码是区分大小写的，而 HTML 和 CSS 是不区分大小写的。

8.3.5　针对表格的操作

之所以将表格的操作单独进行介绍，是因为一方面表格是属性和节点相对比较多的元素，便于读者更加全面地掌握 DOM 的用法；另一方面，希望通过本节的练习，让读者在应对其他元素或 DIV 元素时能够举一反三。

1. 表格的创建

先来回顾如何使用标准的 HTML 标签和属性来创建一个白色的表格，且边框使用黑色线条，代码如下。

```html
<!DOCTYPE html>
<html>
<head lang="en">
    <meta charset="UTF-8">
    <title>DOM对表格的操作</title>
</head>
<body>
    <table border="0" cellspacing="2" bgcolor="black">
        <tr bgcolor="white">
            <td>第1行第1列</td>
            <td>第1行第2列</td>
            <td>第1行第3列</td>
        </tr>
        <tr bgcolor="white">
            <td>第2行第1列</td>
            <td>第2行第2列</td>
            <td>第2行第3列</td>
        </tr>
    </table>
</body>
</html>
```

现在来看如何使用 JavaScript 动态创建一张表格，代码如下。

```javascript
<script>
    function createTable() {
        // 创建一张一行两列的表格
        var mytable = document.createElement("table");
        mytable.border = "0";  // 也可以使用setAttribute进行属性的设置
        mytable.setAttribute("cellspacing", "2");
```

```
        mytable.setAttribute("width", "60%");
        mytable.bgColor = "black";

        // 创建表格的第一行
        var myrow = document.createElement("tr");
        myrow.bgColor = "white";

        // 创建表格的第一行第一列
        var mycell = document.createElement("td");
        mycell.height = "80";
        mycell.appendChild(document.createTextNode("第1行第1列"));
        myrow.appendChild(mycell);

        // 创建表格的第一行第二列
        var mycell = document.createElement("td");
        mycell.appendChild(document.createTextNode("第1行第2列"));
        myrow.appendChild(mycell);

        // 将tr这一行的节点添加到table中
        mytable.appendChild(myrow);

        // 将表格元素添加到body当中
        document.body.appendChild(mytable);
    }
</script>
```

上述代码通过向 table 中逐个添加节点的方式，完成了一个一行两列的表格的创建和属性设置。当然，更多行和列的操作方式是一模一样的，此处不再赘述。

2. 表格的插入

接下来再看对于表格的行的插入。要在表格中插入一个新行，方法比较多，这里介绍比较典型的两种。

第一种方法，将表格视为一个大的元素，然后在<table>标签中使用.innerHTML 属性为表格中添加一个新的内容，从而实现新增一行的效果。比如针对本节两行三列的表格，可以利用该方法在表格的最后新增一行，具体实现代码如下。

```
<!DOCTYPE html>
<html>
<head lang="en">
    <meta charset="UTF-8">
    <title>DOM对表格的操作</title>
    <script>
        function insertRow1() {
            var mytable = document.getElementById("mytable");
            var newRow = "<tr bgcolor='blue'><td>第3行第1列</td>" +
                    "<td>第3行第2列</td><td>第3行第3列</td></tr>";
            mytable.innerHTML = mytable.innerHTML + newRow;
        }
    </script>
</head>
<body onload="insertRow1()">
    <table border="0" cellspacing="2" bgcolor="black" id="mytable">
```

```
        <tr bgcolor="white">
            <td>第1行第1列</td>
            <td>第1行第2列</td>
            <td>第1行第3列</td>
        </tr>
        <tr bgcolor="white">
            <td>第2行第1列</td>
            <td>第2行第2列</td>
            <td>第2行第3列</td>
        </tr>
    </table>
</body>
</html>
```

上述代码首先针对已有表格定义了一个 ID 属性，然后在函数 insertRow1()中通过 ID 属性获取该表格。同时将表格的已有内容通过.innerHTML 属性获取，将该内容与需要新增的一行内容连接在一起，再重新将该值写回当前表格。代码中直接使用<body>标签的 onload 事件在页面加载时调用该函数，所以当页面在浏览器中运行时，直接将表格已有的两行内容和新增的一行内容都显示出来，运行效果如图 8-13 所示。

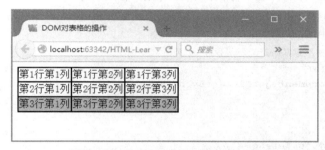

图 8-13　使用 innerHTML 新增一行

接下来再看第二种方法，使用 DOM 中专门针对表格插入的方法 insertRow()完成新增一行，同时针对该行使用 insertCell 新增单元格，具体的实现代码如下。

```
function insertRow2() {
    var mytable = document.getElementById("mytable");
    var newRow = mytable.insertRow(-1);
    var mytd1 = newRow.insertCell(-1);
    mytd1.innerHTML = "第3行第1列";
    var mytd2 = newRow.insertCell(-1);
    mytd2.innerHTML = "第3行第2列";
    var mytd3 = newRow.insertCell(-1);
    mytd3.innerHTML = "第3行第3列";
    newRow.style.backgroundColor = "blue";
    newRow.style.height = "40px";
}
```

上述代码的运行效果如图 8-14 所示。

上述代码中需要注意，调用 insertRow 和 insertCell 方法时，传递的参数为-1，表示在最后一个位置新增一行或一列；如果针对 insertRow 传递参数为 0，则将会在表格的第一行位置插入一个新行；如果参数为 1，则会在第二行的位置插入一个新行。

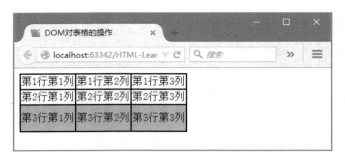

图 8-14　使用 insertRow 插入一行

上述第一种方法相对没有那么直观，但是可以实现向任意元素的内部新增内容，所以是比较通用的方法。第二种方法则是直接使用 DOM 定义好的接口来实现新增，操作上比较容易理解，但是它只能针对表格使用，不具备通用性。第二种方法还有一个特点是可以比较方便地往任意位置插入一行，而并不需要必须在最后一个位置。

3．表格的删除

既然可以使用 JavaScript 新增表格，或者在已有表格中插入行或者列，那么，同样也可以利用 DOM 提供的 JavaScript 接口来删除一整个表格或者表格中的一行或一列。当准备删除一整个表格时，可以使用所有元素都通用的方法 remove 将其删除，或者使用 deleteRow 删除表格的一行，当然也可以使用 deleteCell 删除一列。例如如下代码。

```
// 删除整个表格，该方法针对其他元素同样适用
function deleteTable() {
    var mytable = document.getElementById("mytable");
    mytable.remove();
}

// 删除表格中的一行，使用deleteRow专用方法
function deleteRow() {
    var mytable = document.getElementById("mytable");
    mytable.deleteRow(0);  // 参数0表示删除第一行
}

// 删除表格中的一列，先获取表格的行，再指定删除该行的某一列
function deleteCol() {
    var mytable = document.getElementById("mytable");
    var mytr = mytable.rows[1];
    mytr.deleteCell(2);
}
```

上述代码相对是比较简单的，只需要搞清楚表格的行和列的层次关系，读者也可以尝试利用此类方法对 DIV 容器的各类子元素进行操作。

4．单元格的操作

针对表格单元格的操作，思路也非常简单，最关键的问题在于需要首先获取该单元格节点。获取一个单元格节点同样可以使用两种方式完成，一种是为该单元格节点设置 ID 属性并通过 getElementById()方法来获取，这是一种通用的方法；另一种是使用 DOM 操作表格的专有方法，通过对表格的某行某列进行参数指定来获取该单元格，进而对该单元格进行操作，比如利用 innerHTML 获取或修改其内容，或者删除该单元格，或者是修改其样式属性等。这里将介绍如何通过表格的专用方

式获取该单元格，代码如下。

```
// 利用表格的行列索引操作单元格
function operateCell() {
    var mytable = document.getElementById("mytable");
    var cell = mytable.rows[1].cells[2];    // 获取第2行第3列
    cell.innerHTML = "第二行第三列";
    cell.style.backgroundColor = "yellow";
}
```

上述代码通过使用行列索引来获取第 2 行第 3 列的单元格，并将其内容修改为全中文的"第二行第三列"，同时将该单元格的背景颜色修改为了"黄色"。

综上所述，无论是针对 DIV，还是针对表格，或者是针对其他任意元素，要对其进行操作，最重要的一个前提条件就是获取该元素的节点。只要这一步解决了，其他都是一些相类似的方式来解决问题。

最后针对表格的操作代码全部梳理一遍，通过响应不同按钮的单击事件来完成不同的操作，代码如下。

```
<!DOCTYPE html>
<html>
<head lang="en">
    <meta charset="UTF-8">
    <title>DOM对表格的操作</title>
    <script>
        function createTable() {
            // 创建一张一行两列的表格
            var mytable = document.createElement("table");
            mytable.border = "0";    // 也可以使用setAttribute进行属性的设置
            mytable.setAttribute("cellspacing", "2");
            mytable.setAttribute("width", "60%");
            mytable.bgColor = "black";

            // 创建表格的第一行
            var myrow = document.createElement("tr");
            myrow.bgColor = "white";

            // 创建表格的第一行第一列
            var mycell = document.createElement("td");
            mycell.height = "80";
            mycell.appendChild(document.createTextNode("第1行第1列"));
            myrow.appendChild(mycell);

            // 创建表格的第一行第二列
            var mycell = document.createElement("td");
            mycell.appendChild(document.createTextNode("第1行第2列"));
            myrow.appendChild(mycell);

            // 将tr这一行的节点添加到table中
            mytable.appendChild(myrow);

            // 将表格元素添加到body中
            document.body.appendChild(mytable);
        }
```

```
        // 利用innerHTML在表格的最后插入一行
        function insertRow1() {
            var mytable = document.getElementById("mytable");
            var newRow = "<tr bgcolor='orange'><td>第3行第1列</td>" +
                    "<td>第3行第2列</td><td>第3行第3列</td></tr>";
            mytable.innerHTML = mytable.innerHTML + newRow;
        }


        // 利用insertRow在表格的任意位置插入一行
        function insertRow2() {
            var mytable = document.getElementById("mytable");
            var newRow = mytable.insertRow(-1);
            var mytd1 = newRow.insertCell(-1);
            mytd1.innerHTML = "第3行第1列";
            var mytd2 = newRow.insertCell(-1);
            mytd2.innerHTML = "第3行第2列";
            var mytd3 = newRow.insertCell(-1);
            mytd3.innerHTML = "第3行第3列";
            newRow.style.backgroundColor = "orange";
            newRow.style.height = "40px";
        }


        // 删除整个表格，该方法针对其他元素同样适用
        function deleteTable() {
            var mytable = document.getElementById("mytable");
            mytable.remove();
        }


        // 删除表格中的一行，使用deleteRow专用方法
        function deleteRow() {
            var mytable = document.getElementById("mytable");
            mytable.deleteRow(0);    // 参数0表示删除第一行
        }


        // 删除表格中的一列，先获取表格的行，再指定删除该行的某一列
        function deleteCol() {
            var mytable = document.getElementById("mytable");
            var mytr = mytable.rows[1];
            mytr.deleteCell(2);
        }


        // 利用表格的行列索引操作单元格
        function operateCell() {
            var mytable = document.getElementById("mytable");
            var cell = mytable.rows[1].cells[2];    // 获取到第2行第3列
            cell.innerHTML = "第二行第三列";
            cell.style.backgroundColor = "yellow";
        }
    </script>
</head>
```

```
<body onload="tableCell()">
    <table border="0" cellspacing="2" bgcolor="black" id="mytable">
        <tr bgcolor="white">
            <td>第1行第1列</td>
            <td>第1行第2列</td>
            <td>第1行第3列</td>
        </tr>
        <tr bgcolor="white" id="mytr">
            <td>第2行第1列</td>
            <td>第2行第2列</td>
            <td>第2行第3列</td>
        </tr>
    </table>
    <br/>
    <input type="button" value="创建表格" onclick="createTable()">
    <input type="button" value="插入行一" onclick="insertRow1()">
    <input type="button" value="插入行二" onclick="insertRow2()">
    <input type="button" value="删除一行" onclick="deleteRow()">
    <input type="button" value="删除一列" onclick="deleteCol()">
    <input type="button" value="修改单元格" onclick="operateCell()">
    <input type="button" value="删除表格" onclick="deleteTable()">
</body>
</html>
```

Chapter 09

第9章

JavaScript对象

学习目标：

（1）熟练运用JavaScript的Window
　　 窗口对象。
（2）熟练运用JavaScript的定时器对象。
（3）充分理解JavaScript的异常处理
　　 机制。
（4）充分理解正则表达式及其在
　　 JavaScript中的用法。
（5）对JavaScript的内置编程接口
　　 有更全面的理解。

本章导读：

■ 本章主要介绍 JavaScript 的内置对象，包括窗口对象 Window、定时器对象、异常处理机制、正则表达式以及如日期对象，算术对象以及数字处理等其他常见对象。

■ 通过前面对编程基础和 DOM 操作实战的学习，对 JavaScript 的核心基础有较为完整的理解，本章将通过一些小实例介绍一些常见的内置对象的用法，从而帮助读者更好地理解 JavaScript 的作用。

9.1　Window 对象

9.1.1　BOM 简介

JavaScript 中的 Window 对象又称为 BOM（Browser Object Document），即浏览器对象模型，与第 8 章学习的 DOM 对象有很多相似之处，由各种属性和方法构成。当然，两者也是有区别的，DOM 对象主要用于操作 HTML 元素，而 BOM 对象则主要用于操作浏览器的其他功能，比如前进、后退、打开新窗口、关闭窗口、弹出对话框等这些非标准的 HTML 元素。

BOM 对象提供了独立于内容与浏览器窗口进行交互的对象，主要用于管理窗口与窗口之间的通信，其核心对象是 Window。

BOM 对象所具备的属性如表 9-1 所示。

表 9-1　BOM 的属性

属性	描述
closed	返回窗口是否已被关闭
defaultStatus	设置或返回窗口状态栏中的默认文本
document	对 Document 对象的只读引用
history	对 History 对象的只读引用
innerheight	返回窗口文档显示区的高度
innerwidth	返回窗口文档显示区的宽度
length	设置或返回窗口中的框架数量
location	用于窗口或框架的 Location 对象
name	设置或返回窗口的名称
navigator	对 Navigator 对象只读引用
opener	返回对创建此窗口的引用
outerheight	返回窗口的外部高度
outerwidth	返回窗口的外部宽度
pageXOffset	设置或返回当前页面相对于窗口显示区左上角的 X 位置
pageYOffset	设置或返回当前页面相对于窗口显示区左上角的 Y 位置
parent	返回父窗口
screen	对 Screen 对象的只读引用
self	返回对当前窗口的引用。等价于 Window 属性
status	设置窗口状态栏的文本
top	返回最顶层的先辈窗口
window	window 属性等价于 self 属性，包含了对窗口自身的引用
screenLeft screenTop screenX screenY	只读整数，声明了窗口的左上角在屏幕上的的 x 坐标和 y 坐标。IE、Safari 和 Opera 支持 screenLeft 和 screenTop，而 Firefox 和 Safari 支持 screenX 和 screenY

BOM 对象所具备的方法如表 9-2 所示。

表 9-2 BOM 的方法

方法	描述
alert()	显示带有一段消息和一个确认按钮的警告框
blur()	把键盘焦点从顶层窗口移开
clearInterval()	取消由 setInterval()设置的 timeout
clearTimeout()	取消由 setTimeout()方法设置的 timeout
close()	关闭浏览器窗口
confirm()	显示带有一段消息以及确认按钮和取消按钮的对话框
createPopup()	创建一个 pop-up 窗口
focus()	把键盘焦点给予一个窗口
moveBy()	可相对窗口的当前坐标把它移动指定的像素
moveTo()	把窗口的左上角移动到一个指定的坐标
open()	打开一个新的浏览器窗口或查找一个已命名的窗口
print()	打印当前窗口的内容
prompt()	显示可提示用户输入的对话框
resizeBy()	按照指定的像素调整窗口的大小
resizeTo()	把窗口的大小调整到指定的宽度和高度
scrollBy()	按照指定的像素值来滚动内容
scrollTo()	把内容滚动到指定的坐标
setInterval()	按照指定的周期（以 ms 计）来调用函数或计算表达式
setTimeout()	在指定的毫秒数后调用函数或计算表达式

事实上，BOM 对象的所有属性和方法都不是用于操作 HTML 元素的，这也是 BOM 和 DOM 本身的分工。同时，Document 对象其实也同样归属于 BOM，其实就是通过这样的方式在 BOM 和 DOM 之间建立了联系。本章内容不会对上述所有属性和方法进行讲解，主要介绍日常在进行 Web 前端开发过程中常见的用法和实例。

9.1.2 窗口对象

所有 BOM 几乎都可以认为是 Window 窗口对象，本节将主要介绍一些仅跟窗口操作有关的对象和方法。
首先介绍与窗口相关的一些标准属性的使用，如下代码演示了其作用。

```
<html>
<head lang="en">
    <meta charset="UTF-8">
    <title>Window对象属性</title>
</head>
<body>
    <script>
        document.write("内部窗口宽度: " + window.innerWidth + "<br>");
        document.write("内部窗口高度: " + window.innerHeight + "<br>");
        document.write("外部窗口宽度: " + window.outerWidth + "<br>");
        document.write("外部窗口高度: " + window.outerHeight + "<br>");
        document.write("显示器宽度: " + window.screen.width + "<br>");
        document.write("显示器高度: " + window.screen.height + "<br>");
    </script>
</body>
</html>
```

运行上述代码，其输出结果如下。

```
内部窗口宽度：714
内部窗口高度：347
外部窗口宽度：728
外部窗口高度：441
显示器宽度：1440
显示器高度：900
```

上述代码的输出取决于窗口所在位置、窗口大小及显示器分辨率等因素，所以每个人的输出结果并不完全相同。对这些基本属性的使用可以直接调用，并不需要任何复杂的逻辑。

平时会使用到的常见的窗口操作方法如表 9-3 所示。

表 9-3　常见的窗口操作方法

方法	描述
close()	关闭浏览器窗口
moveBy()	相对窗口的当前坐标把它移动指定的像素
moveTo()	把窗口的左上角移动到一个指定的坐标
print()	打印当前窗口的内容
resizeBy()	按照指定的像素调整窗口的大小
resizeTo()	把窗口的大小调整到指定的宽度和高度
scrollBy()	按照指定的像素值来滚动内容
scrollTo()	把内容滚动到指定的坐标

例如下述代码，使用了多个按钮，每个按钮对应一个窗口的操作方法。

```html
<html>
<head lang="en">
    <meta charset="UTF-8">
    <title>Window对象属性</title>
</head>
<body>
    <button onclick="window.close()">关闭窗口</button>
    <button onclick="window.moveBy(100, 50)">相对移动</button>
    <button onclick="window.moveTo(100, 50)">绝对移动</button>
    <button onclick="window.moveTo(-100, -50)">绝对移动</button>
    <button onclick="window.print()">打印当前页</button>
    <p/>
    <button onclick="window.resizeBy(100, 200)">相对调大</button>
    <button onclick="window.resizeBy(-100, -200)">相对调小</button>
    <button onclick="window.resizeTo(800, 500)">绝对调整</button>
    <button onclick="window.scrollBy(0, 100)">往下滚动</button>
    <button onclick="window.scrollTo(0, 500)">指定滚动</button>
    <p style="line-height: 100px">添加内容用于滚动测试</p>
    <p style="line-height: 100px">添加内容用于滚动测试</p>
    <p style="line-height: 100px">添加内容用于滚动测试</p>
    <p style="line-height: 100px">添加内容用于滚动测试</p>
</body>
</html>
```

由于上述代码相对比较简单，这里不再展示运行的静态截图，需要特别注意的一点是，上述代码在 IE 浏览器中运行较好，某些操作方法对于 Firefox 等浏览器可能支持不好，如果运行过程发现无效，并非代码的原因，而是浏览器的兼容性或操作权限的问题，与代码无关。

9.1.3　弹出窗口

弹出窗口跟普通窗口的区别在于，弹出窗口可以定制窗口的显示效果，包括大小、位置及是否显示菜单栏、工具栏、状态栏等。而且弹出窗口与其父窗口（即打开弹出窗口的这个窗口）存在父子关系，所以窗口之间可以进行直接通信，这一点是平级窗口之间无法做到的。

首先看一个实例，创建一个弹出窗口，代码如下。

```html
<html>
<head lang="en">
    <meta charset="UTF-8">
    <title>弹出窗口(父窗口)</title>
    <script>
        function openWindow() {
            window.open("http://www.woniuxy.com","蜗牛学院在线课堂",
            "height=400, width=800, top=50, left=100, toolbar=no,
            menubar=no, scrollbars=yes, resizable=no, location=no,
            status=no");
        }
    </script>
</head>
<body>
    <button onclick="openWindow()">打开弹出窗口</button>
</body>
</html>
```

其实上述代码逻辑非常简单，就是调用 window 对象的 open 方法打开一个新的窗口，并为该新窗口设置有效的属性参数。关键点在于第三个参数里面包含了很多特征值，现将该特征值及其作用一一列出，如表 9-4 所示。

表 9-3　弹出窗口的选项

参数名称	类型	说明
height	Number	设置窗体的高度，不能小于 100
left	Number	说明创建窗体的左坐标，不能为负值
location	Boolean	窗体是否显示地址栏，默认值为 no
resizable	Boolean	窗体是否允许通过拖动边线调整大小，默认值为 no
scrollable	Boolean	窗体中内部超出窗口可视范围时是否允许拖动，默认值为 no
toolbar	Boolean	窗体是否显示工具栏，默认值为 no
top	Number	说明创建窗体的上坐标，不能为负值
status	Boolean	窗体是否显示状态栏，默认值为 no
width	Number	创建窗体的宽度，不能小于 100

对于弹出窗口来说，除了打开该窗口以外，还可以在该弹出窗口中利用 window.opener 引用其父窗口，并获取该父窗口的元素，进而在父子窗口之间进行通信。当然，目前此类方法相对比较少使用，通

常的做法是将一个 DIV 先隐藏起来，然后利用 DIV 的隐藏显示来模拟一个窗口的弹出，这样可以更好地提升用户体验。同时，元素之间的通信（即传递值）等操作其实就是在同一个页面当中完成的。

9.1.4 弹出框对象

BOM 对象的弹出框主要分为对话框，确认框和输入框，这里直接通过下述代码结合注释展示其用法。

```html
<html>
<head lang="en">
    <meta charset="UTF-8">
    <title>弹出框使用</title>
    <script>
        function inputValue() {
            var text = window.prompt("请输入一个值：");
            document.getElementById("mytext").value = text;
        }
        function dialog() {
            var text = document.getElementById("mytext");
            alert("你输入的值为：" + text.value);
        }
        function yesOrNo() {
            var choose = window.confirm("请确认你的选择！");
            if(choose) {
                alert("你选择了[确定]");
            }
            else {
                alert("你选择了[取消]");
            }
        }
    </script>
</head>
<body>
    <input type="text" id="mytext" />
    <button onclick="inputValue()">输入框</button>
    <button onclick="dialog()">对话框</button>
    <button onclick="yesOrNo()">确认框</button>
</body>
</html>
```

9.1.5 定时器对象

在 JavaScript 中，定时器对象主要通过 setInterval() 和 setTimeout() 两个函数实现，两者都会开启队列机制，并在相应的时间延迟后触发某段代码被执行，或某个函数被调用，具体说明如下。

V9-1 定时器应用

（1）setTimeout()：语法为 window.setTimeout（"JS 代码或函数调用",毫秒数），表示间隔多长时间后运行该 JavaScript 程序，且只运行一次。

（2）setInterval()：语法为 window.setInterval（"JS 代码或函数调用",毫秒数），表示间隔多长时间后运行该 JavaScript 程序，且重复运行。

也可以使用 clearTimeout(计时器对象名称)或 clearInterval(计时器对象名称)来清除或暂停计时器。具体实例（仅以 setInterval 举例，setTimeout 用法完全一样）代码如下。

```
function getTime() {
    var time = new Date().toLocaleTimeString();
    alert(time);
}
```

```
setInterval(getTime, 1000);  // 表示每秒调用一次getTime函数
// 或者使用:
setInterval("getTime()", 1000);  // 如果使用了双引号，则必须加上圆括号
```
除了直接调用函数外，也可以直接在 setInterval 中编写定时执行的代码，如下。
```
setInterval("alert(new Date().toLocaleTimeString())", 5000);
```
另外，如果代码相对复杂，也可以直接使用匿名函数来定义执行代码，如下。
```
setInterval(function() {
    var time = new Date().toLocaleTimeString();
    alert(time);
}, 1000);
```
有时候可能需要暂时停止计时器运行，可以采用如下代码。
```
var t = setInterval(function() {
    var time = new Date().toLocaleTimeString();
    alert(time);
}, 1000);
setTimeout("clearInterval(t)", 10000);    // 表示10秒后停止计时器运行
```
setInterval 和 setTimeout 的工作原理一模一样，它们唯一的区别仅在于一个是多次重复执行，而另外一个是只执行一次。那么，有没有可能通过 setTimeout 代码设计实现 setInterval 的功能呢？可以编制如下代码来验证。
```
<html>
<head lang="en">
    <meta charset="UTF-8">
    <title></title>
    <script>
        function getTime() {
            var time = new Date().toLocaleTimeString();
            alert(time);
            setTimeout(getTime, 3000);   // 循环调用getTime函数实现定时触发
        }
    </script>
</head>
<body onload="getTime()">
</body>
</html>
```
所以，在具体的应用过程中，使用 setTimeout 和使用 setInterval 在本质上是没有任何差别的。

9.1.6 其他对象

V9-2 定时器详解

1. window.location 对象

常见的属性和方法如下所述。

（1）location.hostname 返回 web 主机的域名。

（2）location.pathname 返回当前页面的路径和文件名。

（3）location.port 返回 web 主机的端口（80 或 443）。

（4）location.protocol：返回所使用的 Web 协议（http://或 https://）。

（5）location.href：返回（当前页面的）整个 URL。

（6）location.assign（URL）方法：加载新的文档。

2. window.history 对象

主要有如下两个方法。

（1）history.back()：与在浏览器单击后退按钮相同。

（2）history.forward()：与在浏览器中单击按钮向前相同。

3. window.navigator 对象

如下实例代码说明了此对象的用法。

```
<script>
  var txt = "<p>Browser CodeName: " + navigator.appCodeName + "</p>";
  txt+= "<p>Browser Name: " + navigator.appName + "</p>";
  txt+= "<p>Browser Version: " + navigator.appVersion + "</p>";
  txt+= "<p>Cookies Enabled: " + navigator.cookieEnabled + "</p>";
  txt+= "<p>Platform: " + navigator.platform + "</p>";
  txt+= "<p>User-agent header: " + navigator.userAgent + "</p>";
  txt+= "<p>User-agent language: " + navigator.systemLanguage + "</p>";
  document.write(txt);
</script>
```

9.2 异常处理机制

9.2.1 异常处理机制简介

程序当中出现错误或异常是在所难免的事情，所以一套良好的错误或异常处理机制对于一门程序语言来说尤为重要。

在理解异常之前，需要先区分错误（Error）与异常（Exception）两个概念。

（1）Error：代码在编译的时候就出现的错误，代码将无法编译，比如语法错误，必须修正错误后才能重新编译。代码无法跳过错误。

（2）Exception：是代码在运行的时候出现的错误，比如对象中某个属性不存在，或者是数据类型不对。代码可以继续执行，不过会在控制台中输出一段错误信息提醒程序员。

所以，异常是在程序运行过程中出现的问题，不可能在代码开发阶段就完全知道。因为很难预计程序在运行的过程中会碰到哪些方面的异常情况，所以需要使用专门的一套异常处理机制，确保程序在运行过程中遇到异常时能够正确处理。哪怕在用户使用的过程中无法完全正常处理，起码也可以提示给用户一段有价值的信息，而不是向用户展示一堆错误消息代码。

9.2.2 使用 onerror 处理异常

JavaScript 中有两种方式可以处理一个程序的运行异常，一种是使用 onerror 和 try…Catch，使用 onerror 是如何处理异常的实例代码如下。

```
<script language="javascript">
  onerror = handleErr;  // 指定出现异常时调用的函数名称
  function handleErr(msg, url, line){
```

```
    txt = "本页中存在错误。\n\n";
    txt += "错误：" + msg + "\n";
    txt += "URL: " + url + "\n";
    txt += "行：" + line + "\n\n";
    txt += "单击"确定"继续。\n\n";
    alert(txt);
    return true;
}

fso = new ActiveXObject("Scripting.FileSystemObject");
ts = fso.OpenTextFile("d:\\RainBow.txt", ForReading);
</script>
```

上述代码试图利用一个 ActiveXObject 对象去打开一个用户本地文件，这是不被支持的方式，所以代码会报错，这里利用 onerror 对象将该错误进行了处理。当然，要给用户提供更友好的信息也都是可以自定义的。由于 onerror 对象并不支持所有浏览器，所以通常很少使用它来处理异常。

上述代码的运行效果如图 9-1 所示。

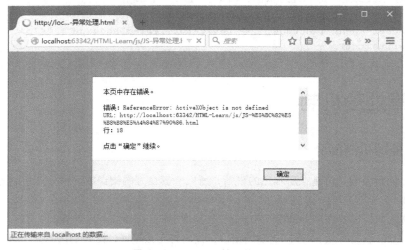

图 9-1　onerror 处理的异常

9.2.3　使用 try…catch 处理异常

几乎所有程序设计语言都支持异常处理，而且关键字也都类似于 try…catch…finally 这样，它的具体语法规则如下。

```
try {
    //这里放置可能会出错的代码
}
catch(e) {
    //代码出错后执行这里。
}
finally {
    //不管代码是否报错，都将执行这里。（此代码块可选）
}
```

例如尝试利用 document.write()输出一个不存在的变量，代码运行后，浏览器中什么结果也没有，因为异常发生了。按 F12 键进入调试模式的控制台，可以看到相应的错误：ReferenceError: result is not defined。但是对于普通用户来说，没有人会关心这个，用户只关心页面上没任何反应。这个时候可以使用 try…catch 来捕获页面当中可能的异常，并且一旦出现异常，就会提供给用户一个明确的信息，代码如下。

```html
<script>
  try {
    document.write(result);    // 代码中并没有定义变量result
  }
  catch (e) {
    alert('你好，系统目前正在打瞌睡，请稍后重试，谢谢！');
  }
</script>
```

运行后，在浏览器中可以看到如图 9-2 所示的信息。

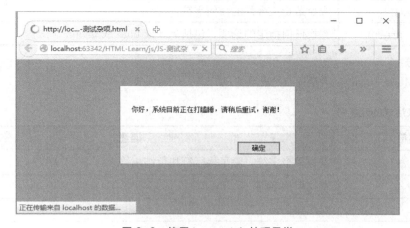

图 9-2　使用 try…catch 处理异常

9.3　正则表达式

9.3.1　正则表达式简介

正则表达式（Regular Expression）在代码中常简写为 regex、regexp 或 RE，使用单个字符串来描述、匹配一系列符合某个句法规则的字符串搜索模式。搜索模式可用于文本搜索和文本替换。

正则表达式并不是某一门编程语言专用，而是一项独立于任何编程语言的一套文本搜索和匹配规则，目前所有程序设计语言都提供了对正则表达式标准规则的支持。

要学习好正则表达式，重点并不在于在某个程序设计语言中怎么调用，也不是用什么函数，更不是传递什么参数，而是首先要完全理解正则表达式的语法规则。

9.3.2　正则表达式语法

标准的正则表达式语法规则归类如下。

1．方括号

方括号用于查找某个范围内的字符，如表 9-5 所示。

表 9- 4　正则表达式的方括号用法

表达式	描述
[abc]	查找方括号之间的任何字符
[^abc]	查找任何不在方括号之间的字符
[0-9]	查找任何从 0 至 9 的数字
[a-z]	查找任何从小写 a 到小写 z 的字符
[A-Z]	查找任何从大写 A 到大写 Z 的字符
[A-z]	查找任何从大写 A 到小写 z 的字符
[adgk]	查找给定集合内的任何字符
[^adgk]	查找给定集合外的任何字符
(red|blue|green)	查找任何指定的选项，包括 red 或 blue 或 green

2. 元字符

元字符（Metacharacter）是拥有特殊含义的字符，说明如表 9-6 所示。

表 9-5　正则表达式的元字符

元字符	描述
.	查找单个字符，除了换行符和行结束符
\w	查找单词字符
\W	查找非单词字符
\d	查找数字
\D	查找非数字字符
\s	查找空白字符
\S	查找非空白字符
\b	匹配单词边界
\B	匹配非单词边界
\0	查找 NUL 字符
\n	查找换行符
\f	查找换页符
\r	查找回车符
\t	查找制表符
\v	查找垂直制表符
\×××	查找以八进制数×××规定的字符
\×dd	查找以十六进制数 dd 规定的字符
\u××××	查找以十六进制数××××规定的 Unicode 字符

3. 量词

量词主要用于解决匹配数量的问题，如表 9-7 所示。

表 9-6　正则表达式中的量词

量词	描述
n+	匹配任何包含至少一个 n 的字符串
n*	匹配任何包含零个或多个 n 的字符串
n?	匹配任何包含零个或一个 n 的字符串
n{X}	匹配包含 X 个 n 的序列的字符串
n{X,Y}	匹配包含 X 或 Y 个 n 的序列的字符串
n{X,}	匹配包含至少 X 个 n 的序列的字符串
n$	匹配任何结尾为 n 的字符串
^n	匹配任何开头为 n 的字符串
?=n	匹配任何其后紧接指定字符串 n 的字符串
?!n	匹配任何其后没有紧接指定字符串 n 的字符串

9.3.3　RegExp 对象

在 JavaScript 中，主要使用 RegExp 对象来处理正则表达式。

1. 对象属性

RegExp 对象属性如表 9-8 所示。

表 9-7　RegExp 对象的属性

属性	描述
global	RegExp 对象是否具有标志 g
ignoreCase	RegExp 对象是否具有标志 i
lastIndex	一个整数，标识开始下一次匹配的字符位置
multiline	RegExp 对象是否具有标志 m
source	正则表达式的源文本

2. 对象方法

RegExp 对象方法如表 9-9 所示。

表 9-9　RegExp 对象的方法

方法	描述
compile	编译正则表达式
exec	检索字符串中指定的值，返回找到的值，并确定其位置
test	检索字符串中指定的值，返回 true 或 false

另外，字符串中的几个方法也同样支持正则表达式，如表 9-10 所示。

表 9-10　支持正则表达式的字符串方法

方法	描述
search	检索与正则表达式相匹配的值
match	找到一个或多个正则表达式的匹配
replace	替换与正则表达式匹配的子串
split	把字符串分割为字符串数组

3. 关于 JavaScript 中处理正则表达式的对象 RegExp 的具体实例：

实例 1：检查用户的输入是否为纯数字，代码如下。

```
<script>
   var content = prompt("请输入你的测试内容:");
   var re = new RegExp("\\d+");    // 匹配纯数字1次或多次
   var result = re.test(content);
   if (result) {
      document.write("这是一个有效的数字.");
   }
   else {
      document.write("这不是一个有效的数字.");
   }
</script>
```

当然，由于是对一个字符串进行检查，所以也可以使用字符串的 match 方法来处理。

实例 2：检查用户的输入是否为一个有效的电话号码，代码如下。

```
<script>
   var content = prompt("请输入你的手机号码:");
   var re = new RegExp("1[3578]\\d{9}");    // 匹配纯数字1次或多次
   var result = re.test(content);
   if (result) {
      document.write("这是一个有效的电话.");
   }
   else {
      document.write("这不是一个有效的电话.");
   }
</script>
```

实例 3：提取文本中所有 7 位数字的号码，代码如下。

```
<script>
   var text = "文本内容, 1234567, 花费3456230元费用, 来完成34345645个计划.";
   var pattern = new RegExp("\\d{7}", "g");
   while ((result = pattern.exec(text)) != null) {
      document.write(result);
      document.write("<br>");
   }
</script>
```

第10章

事件处理

学习目标：

（1）熟练运用鼠标的标准事件进行用户
交互。

（2）熟练运用键盘的标准事件进行用户
交互。

（3）对表单元素的各类事件有所理解。

（4）对媒体元素，如音频或视频的标准
事件有所理解。

本章导读：

■ 本章主要介绍 JavaScript 在事件处
理上的运行机制以及如何响应这些事件。
所谓事件，主要是指浏览器在特定的
HTML 页面元素上响应的鼠标和键盘操
作的事件。其实是一种输入设备与页面之
间的通信机制，这对于实现更高效的用户
交互起到了非常关键的作用。

V10-1　鼠标操作

10.1　鼠标事件

10.1.1　鼠标事件列表

　　HTML 文档中元素类型较多，而对应的鼠标事件也非常多。比如，通常鼠标的操作包括单击、双击、右键，同时还可以将其进行细化，比如鼠标按下、鼠标松开、鼠标滑过某个元素（类似 hover 的 CSS 伪类特效）等。鼠标事件的详细情况列举如表 10-1 所示。

表 10-1　鼠标事件

属性	描述
onclick	当用户单击某个对象时调用的事件句柄
oncontextmenu	在用户单击鼠标右键打开上下文菜单时触发
ondblclick	当用户双击某个对象时调用的事件句柄
onmousedown	鼠标按钮被按下
onmouseenter	当鼠标指针移动到元素上时触发
onmouseleave	当鼠标指针移出元素时触发
onmousemove	鼠标被移动
onmouseover	鼠标移到某元素之上
onmouseout	鼠标从某元素移开
onmouseup	鼠标按键被松开

　　平时在网页上用得比较多的仍然是鼠标单击事件 onclick，在前文的实例中已经使用过，本节将重点演示一些其他事件的实例。

10.1.2　鼠标单击实例

　　本节将通过一个简单的实例介绍如何使用鼠标右键来调出一个右键菜单，这也是平时在网页或应用程序中使用比较频繁的一种交互方式。其实要实现右键菜单，原理也是相对比较简单的，通过响应 oncontextmenu 事件对某个本身处于隐藏状态的元素在鼠标的位置显示出来即可。代码的基础实现部分如下。

```
<html>
<head lang="en">
    <meta charset="UTF-8">
    <title>鼠标事件</title>
    <script>
        function popMenu() {
            document.getElementById('menu-div').style.display='block';
            return false;    // 该行代码确保系统自带的右键菜单不会被调出
        }
        function hideMenu() {
            document.getElementById('menu-div').style.display='none';
        }
    </script>
</head>
<body>
```

```
<a href="http://www.woniuxy.com/" oncontextmenu="return popMenu();"
        onmouseout="hideMenu();">蜗牛学院</a>
<div style="width: 100px; height: 200px; background-color: #00beff;
        display: none;" id="menu-div"></div>
</body>
</html>
```

上述代码在右击"蜗牛学院"超链接时的运行效果如图 10-1 所示。

图 10-1　右键效果

通过运行效果可以看到，代码通过响应鼠标的 oncontectmenu 事件可以响应鼠标右击了，同时将本身隐藏的 DIV 显示出来。使用 onmouseout 处理当鼠标离开超链接时，隐藏右键菜单的效果。

但是该代码仍然不够完美，有很多需要修改的地方。比如说如果 DIV 是独占一行，并没有脱离整个文档流，当该右键菜单显示时，会将整个页面的布局打乱。另外还有一个很重要的问题，就是当右键菜单被调出时，需要将鼠标移动到相应的菜单项里面，但是上述代码的实现中，鼠标永远都没有办法移动到该右键菜单的 DIV 容器中选择菜单项。

当然，对于上述两个常见的问题有很多解决方案，先看关于右键菜单定位的问题是如何解决和处理的。既然不能将该右键菜单定义在文档流中，必然需要使用固定定位，这样才不至于当菜单被调出时影响到整个页面的布局。同时，通过记录当前鼠标右键的位置，来对该右键菜单的左上角起始位置进行设置，可以达到右键跟随元素的目的。改进后的实现代码如下。

```
<html>
<head lang="en">
    <meta charset="UTF-8">
    <title>鼠标事件</title>
    <style>
        #menu-div {
            width: 140px;
            height: 200px;
            background-color: #00beff;
            display: none;
            position: fixed;
        }
        li {
            margin-left: -10px;
            line-height: 35px;
        }
    </style>
    <script>
```

```
        function popMenu(event) {
            var mymenu = document.getElementById('menu-div');
            mymenu.style.left = event.clientX + "px";   // 获取鼠标位置
            mymenu.style.top = event.clientY + "px";
            mymenu.style.display='block';
            return false;   // 该行代码确保系统自带的右键菜单不会被调出
        }
        function hideMenu() {
            document.getElementById('menu-div').style.display='none';
        }
    </script>
</head>
<body>
    <a href="http://www.woniuxy.com/" oncontextmenu="return popMenu(event);"
onmouseout="hideMenu();">蜗牛学院</a>
    <div id="menu-div">
        <ul>
            <li>这是菜单项一</li>
            <li>这是菜单项二</li>
            <li>这是菜单项三</li>
            <li>这是菜单项四</li>
            <li>这是菜单项五</li>
        </ul>
    </div>
</body>
</html>
```

上述代码重点改进了 DIV 的定位属性，以及如何通过 event 参数来获取当前鼠标的坐标位置（相对于浏览器窗口的左上角为坐标原点），从而基于该定位来决定右键菜单的显示位置。

另外，鼠标无法移动到右键菜单上选择菜单项的问题解决方案很多，这里介绍相对比较通用的一种做法，即右键菜单只要调出，不隐藏，只有在浏览器窗口的其他空白区域单击鼠标左键时才隐藏。代码中增加如下代码即可。

```
document.addEventListener("click", function(event){
    var mymenu = document.getElementById('menu-div');
    mymenu.style.display = "none";
});
```

需要注意的是与上述定义的几个函数是平级的，即都位于标签<script>中。这种方法解决了通用性的问题，即不用刻意改变用户的习惯，同时还非常简单，并且针对不同的浏览器兼容性也非常好。

10.1.3 鼠标悬停实例

鼠标悬停的效果在前文介绍 CSS 的时候已经有所涉及，只需要在任意元素上为伪类:hover 设置相应的样式即可实现。但是这种方式只限于对元素的 CSS 样式进行修改，如果需要实现更复杂的功能，或者调用一些 JavaScript 代码，使用单纯的:hover 则无法实现。此时需要使用鼠标的悬停事件 onmouseover 和 onmouseout 的组合来进行操作，以下代码即实现了在 DIV1 上鼠标悬停时，显示或隐藏 DIV2。

```
<!DOCTYPE html>
<html>
<head lang="en">
    <meta charset="UTF-8">
    <title>鼠标事件操作元素的显示/隐藏</title>
```

```
<script>
    function show() {
        var myElement = document.getElementById("mydiv");
        var myButton = document.getElementById("mybtn");
        myButton.value = "隐藏";
        myElement.style.display = "block";
    }
    function hide() {
        var myElement = document.getElementById("mydiv");
        var myButton = document.getElementById("mybtn");
        myButton.value = "显示";
        myElement.style.display = "none";
    }
</script>
</head>
<body>
    <input id="mybtn" value="隐藏" type="button" onmouseover="show()"
onmouseout="hide()" />
    <div id="mydiv" style="width: 400px; height: 200px; background-color: #562fff;">
我是DIV</div>
</body>
</html>
```

10.2 键盘事件

10.2.1 键盘事件及属性

键盘事件是指在浏览器窗口获取焦点的情况下，检测用户的按键操作，进而触发不同的操作。通常该类应用场景主要体现在用户使用键盘进行一些快捷操作的时候，特别是用户输入或者进行游戏控制时。

键盘事件如表 10-2 所示。

表 10-2　键盘事件

事件	描述
onkeydown	某个键盘按键被按下
onkeypress	某个键盘按键被按下并松开
onkeyup	某个键盘按键被松开

键盘操作的属性如表 10-3 所示。

表 10-3　键盘事件属性

属性	描述
altKey	返回当事件被触发时 Alt 键是否被按下
button	返回当事件被触发时哪个鼠标按钮被单击
clientX	返回当事件被触发时鼠标指针的水平坐标
clientY	返回当事件被触发时鼠标指针的垂直坐标
ctrlKey	返回当事件被触发时 Ctrl 键是否被按下

续表

属性	描述
Location	返回按键在设备上的位置
charCode	返回 onkeypress 事件触发键值的字母代码
key	在按下按键时返回按键的标识符
keyCode	返回 onkeypress 事件触发的键的值的字符代码，或者 onkeydown 或 onkeyup 事件的键的代码
which	返回 onkeypress 事件触发的键的值的字符代码，或者 onkeydown 或 onkeyup 事件的键的代码
metaKey	返回当事件被触发时 Meta 键是否被按下
relatedTarget	返回与事件的目标节点相关的节点
screenX	返回当某个事件被触发时鼠标指针的水平坐标
screenY	返回当某个事件被触发时鼠标指针的垂直坐标
shiftKey	返回当事件被触发时 Shift 键是否被按下

10.2.2　检测按键实例

这里通过一个实例介绍如何使用键盘事件及其属性。下述代码演示了在整个浏览器窗口（即 body 元素）中按下空格键时弹出一个提示框的具体实现。

```
<!DOCTYPE html>
<html>
<head lang="en">
    <meta charset="UTF-8">
    <title>按键操作</title>
    <script>
        function whichKeyPressed(obj) {
            alert(obj.keyCode);  // 查看按键对应的编码
            if (obj.keyCode == 32) {
                alert("空格键被按下");
            }
        }
    </script>
</head>
<body onkeyup="whichKeyPressed(event)">
</body>
</html>
```

可以看到，针对<body>元素使用 onkeyup 事件，表示在当前浏览器窗口的可见区域均生效，当然也可以针对某些特定的元素实现键盘事件。另外，通过使用键盘的 keyCode 属性可以获取某个按键的字符码，从而实现对按键的检测或实现某些特定的功能。常见按键的键码值如下所述。

（1）字母和数字键的键码值，如表 10-4 所示。

表 10-4　字母和数字键码值

按键	键码	按键	键码	按键	键码	按键	键码
A	65	J	74	S	83	1	49
B	66	K	75	T	84	2	50
C	67	L	76	U	85	3	51

续表

按键	键码	按键	键码	按键	键码	按键	键码
D	68	M	77	V	86	4	52
E	69	N	78	W	87	5	53
F	70	O	79	X	88	6	54
G	71	P	80	Y	89	7	55
H	72	Q	81	Z	90	8	56
I	73	R	82	0	48	9	57

（2）数字键盘上的键的键码值，如表 10-5 所示。

表 10-5　数字键盘和功能键码值

数字键盘上的键的键码值（keyCode）				功能键键码值（keyCode）			
按键	键码	按键	键码	按键	键码	按键	键码
0	96	8	104	F1	112	F7	118
1	97	9	105	F2	113	F8	119
2	98	*	106	F3	114	F9	120
3	99	+	107	F4	115	F10	121
4	100	Enter	108	F5	116	F11	122
5	101	−	109	F6	117	F12	123
6	102	.	110				
7	103	/	111				

（3）控制键键码值，如表 10-6 所示。

表 10-6　控制键码值

按键	键码	按键	键码	按键	键码	按键	键码
BackSpace	8	Esc	27	Right Arrow	39	−_	189
Tab	9	Spacebar	32	Dw Arrow	40	.>	190
Clear	12	Page Up	33	Insert	45	/?	191
Enter	13	Page Down	34	Delete	46	`~	192
Shift	16	End	35	Num Lock	144	[{	219
Control	17	Home	36	;:	186	|	220
Alt	18	Left Arrow	37	=+	187	]}	221
Cape Lock	20	Up Arrow	38	,<	188	''"	222

（4）多媒体键码值，如表 10-7 所示。

表 10-7　多媒体键码值

按键	键码	按键	键码	按键	键码	按键	键码
音量加	175	停止	179	浏览器	172	搜索	170
音量减	174	静音	173	邮件	180	收藏	171

10.2.3　只接受数字输入

网页中经常会对用户的输入进行一些限制，比如在输入电话号码或者金额等之类的内容时，只要求用户输入数字。为了避免用户输入错误，可以通过检测用户的按键来限制用户的输入，比如如下代码就限制用户只能输入数字。

```html
<html>
<head lang="en">
    <meta charset="UTF-8">
    <title></title>
    <script>
        function validateInput() {
            var mytext = document.getElementById("mytext");
            var content = mytext.value;
            var pattern = new RegExp("^\\d+[\.]?\\d*$");
            if (!pattern.test(content)) {
                // 如果最后一次的输入不是有效的数字，则直接将其删除掉
                mytext.value = content.substring(0, content.length-1);
            }
        }
    </script>
</head>
<body>
    <input type="text" id="mytext" onkeyup="validateInput()">
</body>
</html>
```

上述代码的核心点就在于正则表达式的应用，通过正则表达式来检测用户的输入，并对每一次按键的输入进行检查，看通过该次输入后的文本框的内容是否是一个合法的数字，如果不是一个有效的数字，则直接将最后一次输入的一个字符删除。

那么，以上这个正则表达式到底在完成什么功能呢？前面的章节介绍了正则表达式的语法规则和基础应用，这里整个表达式"^\\d+[\.]?\\d*$"主要分为三大部分，其中"^\\d+"表示以数字开头且至少为 1 个数字；"[\.]?"表示中间可以有零个或一个小数点，不能有两个小数点；"\\d*$"表示以零个或多个数字结尾。

10.3　表单事件

10.3.1　表单事件简述

表单事件在与用户的交互过程中使用较多，特别是用户填写表单数据时。所以在 HTML 页面中也是

非常重要的一部分。表单事件如表 10-8 所示。

表 10-8　表单事件列表

事件	描述
onblur	元素失去焦点时触发
onchange	该事件在表单元素的内容改变时触发(<input>、<keygen>、<select>和<textarea>)
onfocus	元素获取焦点时触发
onfocusin	元素即将获取焦点时触发
onfocusout	元素即将失去焦点时触发
oninput	元素获取用户输入时触发
onreset	表单重置时触发
onsearch	用户向搜索域输入文本时触发（<input="search">）
onselect	用户选取文本时触发（<input> 和 <textarea>）
onsubmit	表单提交时触发

10.3.2　密码对比实例

在注册一个系统时，经常会需要输入两次密码，用以确定密码是否相同，进而确保用户的密码是按照用户的预期来进行设定的，以免引起不必要的麻烦。下述代码演示了该功能点的实现过程。

```html
<html>
<head lang="en">
    <meta charset="UTF-8">
    <title></title>
    <script>
        function checkPassword() {
            var value1 = document.getElementById("pass1").value;
            var value2 = document.getElementById("pass2").value;
            if (value1 == value2) {
                alert("你输入的两次密码一致.");
            }
            else {
                alert("你输入的两次密码不一致，请重新输入");
                document.getElementById("pass1").value = "";
                document.getElementById("pass2").value = "";
            }
        }
    </script>
</head>
<body>
    请输入密码：<input type="password" id="pass1" /></p>
    请确认密码：<input type="password" id="pass2"
            onblur="checkPassword()"/></p>
</body>
</html>
```

上述代码主要展示了文本框鼠标事件 onblur 的用法，其运行效果如图 10-2 所示。其他事件的用法完全类似，所以这里不再针对举例。

图 10-2　利用 onblur 实现密码对比

10.3.3　动态城市联动

下述实例展示了如何响应下拉框的 onchange 事件，并完成城市联动的功能，读者也可顺便掌握如何利用 JavaScript 来操作下拉框元素。具体代码如下。

```html
<!DOCTYPE html>
<html>
<head lang="en">
    <meta charset="UTF-8">
    <title>下拉框城市联动</title>
    <style>
        select {width: 200px; height: 30px;}
    </style>
    <script>
        function fillcity() {
            var province = document.getElementById("province").value;
            switch (province) {
                case "四川":
                    var cities = ["成都", "内江", "绵阳", "南充"];
                    break;
                case "云南":
                    var cities = ["昆明", "大理", "丽江", "楚雄"];
                    break;
                case "湖南":
                    var cities = ["长沙", "郴州", "岳麓", "安定"];
                    break;
                case "江苏":
                    var cities = ["苏州", "南京", "扬州", "镇江"];
                    break;
            }

            for (var i=0; i<cities.length; i++) {
                var city = document.getElementById("city");
                city.options[i] = new Option(cities[i], cities[i]);
            };
        }
    </script>
</head>
<body>
<select id="province" onchange="fillcity()">
```

```
    <option value="空值" selected="selected">请选择省份</option>
    <option value="四川">四川</option>
    <option value="云南">云南</option>
    <option value="湖南">湖南</option>
    <option value="江苏">江苏</option>
</select>
  <select id="city"></select>

</body>
</html>
```

上述代码的运行效果如图 10-3 所示。

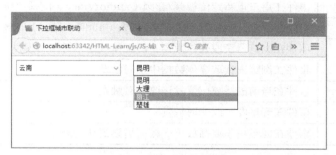

图 10-3　动态城市联动效果

10.4　多媒体事件

10.4.1　多媒体事件列表

多媒体是在 HTML5 的规范中新引入的元素，随着移动互联网的发展和人们对信息的需求逐步多样化，声音、视频能够更好地传递信息，也更方便和直观，特别是视频，无论是在人们的工作、学习还是娱乐过程中，都扮演着非常重要的角色，在网页中对于多媒体元素的精确控制逐渐变得非常重要。表 10-9 列出了核心的多媒体事件。

表 10-9　多媒体事件

事件	描述
onabort	事件在视频/音频（audio/video）终止加载时触发
oncanplay	事件在开始播放视频/音频（audio/video）时触发
oncanplaythrough	事件在视频/音频（audio/video）可以正常播放且无须停顿和缓冲时触发
ondurationchange	事件在视频/音频（audio/video）的时长发生变化时触发
onemptied	当期播放列表为空时触发
onended	事件在视频/音频（audio/video）播放结束时触发
onerror	事件在视频/音频（audio/video）数据加载期间发生错误时触发
onloadeddata	事件在浏览器加载视频/音频（audio/video）当前帧时触发
onloadedmetadata	事件在指定视频/音频（audio/video）的元数据加载后触发

续表

事件	描述
onloadstart	事件在浏览器开始寻找指定视频/音频（audio/video）时触发
onpause	事件在视频/音频（audio/video）暂停时触发
onplay	事件在视频/音频（audio/video）开始播放时触发
onplaying	事件在视频/音频（audio/video）暂停或者在缓冲后准备重新开始播放时触发
onprogress	事件在浏览器下载指定的视频/音频（audio/video）时触发
onratechange	事件在视频/音频（audio/video）的播放速度发送改变时触发
onseeked	事件在用户重新定位视频/音频（audio/video）的播放位置后触发
onseeking	事件在用户开始重新定位视频/音频（audio/video）时触发
onstalled	事件在浏览器获取媒体数据，但媒体数据不可用时触发
onsuspend	事件在浏览器读取媒体数据中止时触发
ontimeupdate	事件在当前的播放位置发送改变时触发
onvolumechange	事件在音量发生改变时触发
onwaiting	事件在视频由于要播放下一帧而需要缓冲时触发

10.4.2 记录播放时间

本小节利用一个视频播放元素举例说明上述多媒体事件的使用方法，比如下述代码即演示了几个常见的多媒体事件。

```html
<!DOCTYPE html>
<html>
<head>
    <meta charset="utf-8"/>
    <title>多媒体控制</title>
</head>
<body>
<script type="text/javascript">
    function timeUpdate() {
        document.getElementById('time').innerHTML = video.currentTime;
    }
    function durationChange() {
        document.getElementById('duration').innerHTML = video.duration;
    }
    function seekVideo() {
        document.getElementById('video').currentTime =
                parseFloat(document.getElementById('seekText').value);
    }
    // 通过绑定事件的方式来调用ontimeupdate事件，可选
    // window.onload = function () {
    //    var videoPlayer = document.getElementById("video");
    //    videoPlayer.ontimeupdate = function () { timeUpdate(); };
    // };
</script>
<div style="border: solid 1px red; width: 500px;margin-bottom: 10px;">
```

```
      <video id="video" controls="controls"
          poster="../image/videoonline.png"
          src="../baisc/html-basic.mp4" width="500px" height="320px"
          ondurationchange="durationChange()"
              ontimeupdate="timeUpdate()" />
</div>
<div>当前时间:
          <span id="time">0</span> of <span id="duration">0</span> 秒.
</div>
<div>
    <input type="text" id="seekText" />
    <input type="button" id="seekBtn" value="定位"
              onclick="seekVideo();" />
</div>
</body>
</html>
```

上述代码的运行效果如图 10-4 所示。

图 10-4　多媒体控制

第11章

JavaScript项目实战

学习目标:

（1）综合使用HTML+CSS+Java
　　 Script完成页面布局的功能实现。
（2）对DOM和BOM的操作有更熟练的
　　 运用。
（3）定时器的使用以及解决复杂问题的
　　 方案。
（4）HTML5新增绘图元素的使用。
（5）利用JavaScript完成相对较复杂的
　　 编程及功能实现。

本章导读:

■　本章主要完成几个比较经典也比较
具有实用价值的实战项目，包括页面随
机飘雪、在线计算器、桌面时钟、倒计
时程序、图片轮播效果以及比较复杂的
综合项目——贪吃蛇游戏。希望对本章
的项目实战演练，能够帮助读者更深入
地理解 Web 前端开发的各类综合性的
知识，并能够将所积累的经验应用于更
多实际项目当中。

11.1 随机飘雪

V11-1 随机
飘雪-1

11.1.1 项目介绍

随机飘雪的网页特效经常在一些文艺类网站或博客中看到，再配合背景音乐可以更好地营造温馨的氛围，效果如图 11-1 所示。

图 11-1 随机飘雪效果

该项目要实现的功能主要包含如下几方面。

（1）通过代码来新增一片或多片雪花。

（2）雪花新增的位置是随机的。

（3）可以随时开始和暂停雪花的移动。

（4）可以删除所有或部分雪花。

（5）雪花往下移动的过程中还需要随时补充雪花，这样才能模拟下雪的效果。

（6）当雪花移出整个屏幕区域后，不应该继续保留该雪花，应该及时将其删除，否则会浪费浏览器的处理资源。

（7）背景音乐的播放。

（8）开始按钮和停止按钮应该交替使用，不能多次单击。

11.1.2 开发思路

首先，本项目所涉及的知识点虽然逻辑不算复杂，但是面还是比较广的，CSS 样式、DOM 操作、BOM 操作、定时器使用、雪花控制的细节等一应俱全，所以是一个值得认真完成的项目。

基于对以上 8 个功能点的梳理，梳理其核心实现思路如下。

1. 新增雪花

新增一片雪花的操作其实跟新增一个普通 HTML 元素没有任何本质区别，可以通过两种方式来完成。第一种方式是直接通过 document.write()方法往页面中输出一个<img>标签，并设置好相应的属性，但是这种方式有一个问题，就是当往页面中输出内容的时候，页面中之前存在的元素会被覆盖，所以并不是一种良好的解决方案。第二种方式是通过调用 document.createElement()方法向任意容器中增加元素，并以对该元素设置 CSS 属性的方式完成元素的增加。这是一种标准的做法。

但是此处需要注意的是，新增的是一片雪花，而不是简单的一个普通元素，而且还得让该雪花能够移动起来。所以从细节上来说，必须先新增一个 DIV，并设置相应的属性；在该 DIV 中还得增加一张图片，同时为了保证雪花的真实效果和美观度，该雪花图片必须使用一张透明背景的图片，所以图片必须是 PNG 格式的。

2. 位置随机

要实现一片随机位置的雪花，必然需要考虑两个核心因素，一是必须使用固定定位，这样才可以实现位置的强制调整；二是必须考虑浏览器窗口的高度和宽度，因为如果让雪花飘在窗口之外就没有任何意义了。

关于定位的问题，既然是将一片雪花放在一个 DIV 中，就需要对该 DIV 设置"position：fixed"，进而再对其通过设置其 left 和 top 属性进行定位即可解决。

另外，关于浏览器窗口的宽度和高度，使用 window.innerWidth 或 window.innerHeight 即可取得，所以技术上不存在任何难点。关键点在于，取得窗口的最大宽度和高度后，还需要基于该数值生成两个随机数，一个是横向的数值，用于设置雪花的 left 属性；一个是纵向的数值，用于设置雪花的 top 属性。

3. 开始和暂停

当开始让雪花移动时，需要使用 setInterval()定时器来实现该功能。定时器本身就像一个死循环结构一样，在定时器任务代码中，每触发一次定时器，就让所有雪花的 top 属性基于该片雪花现在的位置再增加几个随机的像素值，这样就可以实现快慢不一、雪花飞舞的效果。

还得注意一点，定时器的时间间隔设为多久，雪花往下移动的单次距离在多少像素的范围内，才能够让雪花飞舞的过程看上去更加自然，这是需要在运行代码的过程中进行调试的，以便找到一个最佳效果。其基本原则是在尽可能短的时间内移动的距离也尽可能短，让飞舞的效果更加平滑。

4. 删除雪花

要实现雪花的删除功能，首先必须要获取某片雪花对应的元素，然后调用其方法 remove()。可以一次性删除所有的雪花，也可以实现一次性删除部分雪花，这个根据实际情况而定。本项目演练主要为大家提供一个可选的功能而已。

5. 补充新的雪花

由于雪花会一直往下移动，最终会消失在浏览器窗口中，所以为了保持雪花一直在下的效果，还必须在此过程中不停地自动增加雪花。要实现这一效果，方法有很多，但是其核心目的是，当触发到某个条件时，就应该考虑让雪花新增。比如当某片雪花距离浏览器顶部的距离（即元素的标准属性：offsetTop）超过了浏览器窗口的高度（即雪花已经消失在浏览器窗口的可视范围时），就应该新增一片雪花补上。又或者是在雪花移动到某个中间位置时就触发新增的操作，进而实现雪一直下的效果。

6. 移出无效雪花

这是一个比较简单的实现方法，只需要在计时器代码中对所有雪花的位置进行一下判断，当其 offsetTop 属性对应的值超过浏览器窗口的高度时，即可将该片雪花移除。当然，每当移出一片雪花时，就应该继续再新增一片雪花补上。

7. 背景音乐

背景音乐的使用可以直接使用 HTML5 自带的<audio>标签实现，并且设置该音频为自动加载、自动播放，也不需要在界面上显示控制条。

8. 开始、停止按钮交替单击

首先需要明白，为什么开始按钮不能连续单击。因为会使用到定时器对象，每单击一次，就会生成一个新的定时器对象，如果不停单击，就会生成很多定时器对象，每个定时器对象都会去移动雪花，造成的结果就是雪花移动越来越快。

　　同样，不停单击停止按钮也毫无意义。所以将二者结合一下，比较好的解决方案就是当页面加载时，让"停止"按钮变成不可用，启用"开始"按钮，当单击"开始"后，"开始"按钮马上变灰，而"停止"按钮可用；同样的，当单击"停止"按钮后，将"停止"按钮变灰，而"开始"按钮变成可用。只需要通过设置按钮的 disabled 属性即可实现。

11.1.3　代码实现

V11-2　随机
飘雪-2

　　通过对上述的梳理和分解，实现该功能的思路也有了一个大致的轮廓，接下来一步一步实现上述功能。

（1）完成页面的基本布局和样式设置，同时添加背景音乐，代码如下。

```html
<!DOCTYPE html>
<html>
<head lang="en">
    <meta charset="UTF-8">
    <title>随机飘雪</title>
    <style>
        body {
            background-image: url("../image/snow-night.jpg");
            /* 此处请自行在网上挑选一张喜欢的背景图片*/
            background-size: cover;    /* 让背景图自适应浏览器窗口大小*/
        }
        input {
            width: 80px;
            height: 30px;
            font-weight: bold;
        }
    </style>
</head>
<body>
<audio preload="auto" loop="loop" autoplay>
    <source src="backmusic.mp3" type="audio/mpeg"></audio>
<input type="button" value="新增" style="background-color: #ff7e61;" />
<input type="button" value="开始" style="background-color: #8aff95;"
    id="startButton" />
<input type="button" value="停止" style="background-color: #FC5753;"
    id="stopButton" />
<input type="button" value="删除" style="background-color: #79d1ff;" />
</body>
</html>
```

（2）完成基本布局后，实现雪花的新增效果，并响应"新增"按钮的单击事件，核心代码如下。

```javascript
// 新增一片雪花
function createOneSnow() {
    var leftX = Math.random()* window.innerWidth;
    var topY = Math.random()* window.innerHeight;
    var snowDiv = document.createElement("div");
    snowDiv.style.position = "fixed";
    snowDiv.style.left = leftX + "px";
    snowDiv.style.top = topY + "px";
```

```
        // 为该新增的DIV元素内部添加一张雪花的图片
        snowDiv.innerHTML = "<img src='../image/white-snow.png' width='20' />";
        // 将该DIV元素增加到BODY中，浏览器才会对其进行渲染
        document.body.appendChild(snowDiv);
}


// 新增一批雪花
function createManySnow() {
    for (var i = 1; i <= 20; i++) {
        createOneSnow();
    }
}
```

　　此处提供了两个创建雪花的方案，其核心都是新增雪花，新增一片雪花的函数 createOneSnow()同时也在补充雪花时调用；而新增一批雪花的函数 createManySnow()则是为了响应"新增"按钮而设置的，这样在使用时可以一次性增加多片雪花，省去频繁的单击操作。

　　（3）开始让雪花飞舞，并且对何时删除雪花、何时新增雪花设定策略，代码如下。

```
// 开始让雪花移动，用定时器调用该函数
function startFly() {
    var allSnows = document.getElementsByTagName("div");
    for (var i=0; i<allSnows.length; i++) {
        var randomTop = Math.random()* 6;   // 每次移动的距离在6px以内
        allSnows[i].style.top = allSnows[i].offsetTop + randomTop + "px";
        // 当某个雪花的位置正好可以被200整除时，新增一片雪花
        if (allSnows[i].offsetTop % 200 == 0) {
            createOneSnow();
        }
        // 当某个雪花的位置已经超出浏览器窗口时，将该雪花删除，并再新增一片
        if (allSnows[i].offsetTop > window.innerHeight) {
            allSnows[i].remove();
            createOneSnow();
        }
    }
    // 开始按钮变成不可用，让停止按钮可用
    document.getElementById("startButton").disabled = "disabled";
    document.getElementById("stopButton").disabled = "";
}
```

　　（4）最后实现"停止"和"删除"两个按钮的事件代码，具体如下。

```
// 停止雪花的移动，并让开始按钮可用
function stopFly() {
    clearInterval(timer);    // 清除计时器效果，暂停计时，timer定义为全局变量
    document.getElementById("startButton").disabled = "";
    document.getElementById("stopButton").disabled = "disabled";
}


// 删除一半或全部雪花，注意其实现的不同之处
function removeSnow() {
    var allSnows = document.getElementsByTagName("div");
    var snowLength = allSnows.length;
    for (var i=0; i<snowLength; i++) {
        // allSnows[i].remove();   // 单击一次删除一半的雪花
```

```
            allSnows[0].remove();
        }
}
```

通过上述代码的运行和调用，可以实现所有功能。考虑到代码在实现的过程中对于某些读者可能会显得比较零散，所以特将整个实现完成后的最终代码展示出来，供读者参考，代码如下。

```html
<!DOCTYPE html>
<html>
<head lang="en">
    <meta charset="UTF-8">
    <title></title>
    <style>
    body {
        background-image: url("../image/snow-night.jpg");
        /* 此处请自行在网上挑选一张喜欢的背景图片即可*/
        background-size: cover;    /* 让背景图自适应浏览器窗口大小*/
    }
    input {
        width: 80px;
        height: 30px;
        font-weight: bold;
    }
    </style>
    <script>
    var timer;  // 定义定时器全局变量

    // 新增一片雪花
    function createOneSnow() {
        var leftX = Math.random()* window.innerWidth;
        var topY = Math.random()* window.innerHeight;
        var snowDiv = document.createElement("div");
        snowDiv.style.position = "fixed";
        snowDiv.style.left = leftX + "px";
        snowDiv.style.top = topY + "px";
        // 为该新增的DIV元素内部添加一张雪花的图片
        snowDiv.innerHTML = "<img src='../image/snow.png' width='20' />";
        // 将该DIV元素增加到BODY中，浏览器才会对其进行渲染
        document.body.appendChild(snowDiv);
    }

    // 新增一批雪花
    function createManySnow() {
        for (var i = 1; i <= 20; i++) {
            createOneSnow();
        }
    }

    // 开始让雪花移动，用定时器调用该函数
    function startFly() {
        var allSnows = document.getElementsByTagName("div");
        for (var i=0; i<allSnows.length; i++) {
```

```
        var randomTop = Math.random()* 6;   // 每次移动的距离在6px内
        allSnows[i].style.top=allSnows[i].offsetTop+randomTop+"px";
        // 当某个雪花的位置正好可以被200整除时，新增一片雪花
        if (allSnows[i].offsetTop % 200 == 0) {
            createOneSnow();
        }
        // 当某个雪花的位置已经超出浏览器窗口时，将该雪花删除，并再新增一片
        if (allSnows[i].offsetTop > window.innerHeight) {
            allSnows[i].remove();
            createOneSnow();
        }
    }
    // 开始按钮变成不可用，让停止按钮可用
    document.getElementById("startButton").disabled = "disabled";
    document.getElementById("stopButton").disabled = "";
}

// 停止雪花的移动，并让开始按钮可用
function stopFly() {
    clearInterval(timer);    // 清除计时器效果：暂停计时
    document.getElementById("startButton").disabled = "";
    document.getElementById("stopButton").disabled = "disabled";
}

function removeSnow() {
    var allSnows = document.getElementsByTagName("div");
    var snowLength = allSnows.length;
    for (var i=0; i<snowLength; i++) {
        // allSnows[i].remove();  // 单击一次删除一半的雪花
        allSnows[0].remove();
    }
}
    </script>
</head>
<body>
    <audio preload="auto" loop="loop"><source src="../basic/done.mp3"
type="audio/mpeg"></audio>
    <input type="button" value="新增" style="background-color: #ff7e61;"
onclick="createManySnow()" />
    <input type="button" value="开始" style="background-color: #8aff95;"
id="startButton" onclick="timer=setInterval(startFly,100)"/>
    <input type="button" value="停止" style="background-color: #FC5753;"
id="stopButton" disabled="disabled" onclick="stopFly()"/>
    <input type="button" value="删除" style="background-color: #79d1ff;"
onclick="removeSnow()" />
</body>
</html>
```

11.1.4　思维拓展

其实只要保持一个清晰的思路，要将上述代码完全吃透是没有多大问题的。逻辑上并不复杂，所用

到的知识点也是比较简单的知识点。只要对这些代码多加练习和应用，相信会很快在 Web 前端程序设计方面取得长足的进步。

上述代码的实现过程中存在一个比较严重的问题，就是随着时间的推移，雪花将会越来越多，因为新增的雪花要比删除的雪花多。而这样的会导致浏览器绘制很多的元素，浏览器的响应会变慢直到浏览器崩溃。那么，该如何解决这一难题呢？只需要保证删除的元素和新增的元素大致相当，或者可以让定时器定时检查页面中的雪花总数量并将其控制在一定数量范围，即可避免浏览器崩溃的风险。笔者在此也提醒读者，任何一个看似完美的程序，都极有可能隐含着 bug，所以在软件产品的研发过程中，软件测试是非常重要的工作，也是研发环节不可或缺的一部分。

现在再从另一个角度分析上述随机飘雪的特效是否还有更好的实现方式，看是否还可以让"下雪"的场景变得更加真实。

比如，也可以使用 CSS 动画来完成元素的移动甚至更多特效，只不过 CSS 的属性都是固定的值，而且无法通过 CSS 属性来动态获取浏览器窗口的宽度和高度，所以这种实现将非常死板。而且也无法通过随机移动多少个像素的方式让雪花快慢不一，所以真正实现时，仍然会选择使用 JavaScript 的编程方式来实现，更加灵活可控。而且，DOM 和 BOM 的对象及其操作也同样是针对 JavaScript 而非 CSS 样式来进行设计的。

另外，雪花飘落在地上是不会无缘无故消失的，所以在网页中也应该如此。比如可以让雪花在飘落到浏览器窗口底部后慢慢堆积起来；甚至定时删除拟让一部分雪花，模拟雪花融化的过程，这些都是可以做到的。对于笔者提出的这两个思路，各位读者朋友可以自行挑战，将飘雪的效果实现得更加真实，更加浪漫。

11.2　在线计算器

11.2.1　项目介绍

前面的章节中介绍过如何通过 Table 或 DIV 对一个 HTML 在线计算器进行布局，本项目演练的核心目的主要是利用 JavaScript 编程的方式实现该在线计算器的功能，实现效果如图 11-2 所示。

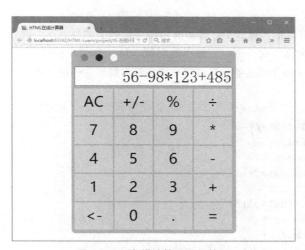

图 11-2　在线计算器运行效果

该项目要实现的功能主要包含如下几方面。

（1）当输入 0~9 的数字和 5 个标准运算符（%，÷，*，－，＋）及小数点时，如实反应在结果框中，便于用户核对输入。

（2）单击"AC"按钮表示清除结果框所有内容，单击"<-"回退按钮则只删除最后一个字符。

（3）单击"="按钮对结果框中的用户输入的运算表达式进行计算，并展示运算结果。

（4）按"+/-"按钮表示对某个数字进行正负数切换。

（5）如果用户输入的表达式出现错误，无法计算其结果，则在结果框提示错误信息。

（6）不能重复地输入运算符，比如 5+-++*6，这样的表达式是不允许的。

11.2.2　开发思路

V11-4　计算器
问题-1

首先，本计算器相对于之前的计算器布局做了两处调整，一是添加了回退按钮，可以用来删除结果框中的一个字符；二是结果框从 DIV 换成了文本框，因为文本框本身就是用来做输入用的。这样更加符合通常的要求，也符合用户的使用习惯，还可以让用户直接在文本框中输入，以提高输入效率，而不是单纯地通过单击按钮进行操作。但是这样的输入也必须要注意到正确性，需要对输入部分进行检测。

接下来对各个功能点进行细致的分析，然后找到对应的解决方案。

1．运算表达式的输入

运算表达式的输入其实核心点就在于将对应按钮的值（如 1，3，+等）添加在结果框的最后。可以使用如"document.getElementById("result").value += "3""这样的代码来完成按钮的输入，也可以选择让用户自行输入到文本框中。

2．清除结果功能

若要整体清除结果框的内容，只需要将该结果框的内容设置为一个空字符串即可，比如代码可能是"document.getElementById("result").value = """"。

对于回退按钮来说，由于删除的是最后一个字符，所以可以使用 JavaScript 的字符串处理函数 substring 来对字符串进行截取，截取位置是从 0 到字符串的长度减 1 的位置，将最后一个位置的字符排除掉。

3．计算结果功能

既然已经将运算表达式输入进去了，甚至有可能是连续的运算，这个时候，如何能够对结果框中的一段普通文本进行数学运算变成一个非常棘手的问题。JavaScript 提供了一个非常高效而方便的函数："eval()"，eval 函数是一个特别的函数，可以将一段字符串解析为一段标准的 JavaScript 代码来执行。参见如下代码实例。

```
<script>
    var str1 = "1+2-3+4-5*6/7+8";
    document.write(str1);
    document.write("<br/>");
    document.write(eval(str1));

    var str2 = "alert('hello')";
    document.write(str2);
    document.write("<br/>");
    document.write(eval(str2));
</script>
```

根据上述代码可以看到，字符串"1+2-3+4-5*6/7+8"和"alert('hello')"经过 eval 函数的解析处理后，会变成一个标准的 JavaScript 表达式并且执行相应的结果运算。这便是这个函数的神奇之处。所以只要输入的表达式是正确的，便可以直接被当做一个代码来执行。

4．正负号切换功能

对一个数字进行正负号切换，其核心就是在数字前面添加或去除"-"号，基于此，问题的解决方案有两种，一是直接用 0 来对其数字进行减法运算，二是获取该数字的第 1 位的 ASCII 码，如果是"-"号则将其删除，变为正数，否则直接在该数字的最前面添加一个负号即可。两种方式都不复杂，任选一种即可。

5．错误提示信息

对于一个数学表达式来说，出现错误的情况将是非常常见的，很难通过 if…else 的方式将所有可能出错的情况全部考虑进去。那么在这种情况下，笔者建议使用 JavaScript 的异常处理机制。通过捕获 eval() 函数在运算表达式时出现的异常来提示出错信息，这样将会更加容易处理，而且不用将精力放在错误类型的实现上。

6．重复运算符验证

虽然所有异常和错误都可以通过异常处理机制轻松处理，但是对于用户体验来说，却不见得是很好的一种方法。比如用户不小心将运算表达式输错了，这个时候虽然会有比较友好的提示，但是却需要让用户再输入一遍。所以最好的方式不是提示错误，而是不要给用户提供犯错误的机会，在本计算器当中，可以有两种方案，一是检测用户输入的最后一个字符是数字还是符号，如果是符号，则不允许再输入一个符号；另外一种方案是每当输入一个符号后，设置某个标志为 true，只有输入了数字后才将该标志设置为 false，表示此时可以输入符号。两种方案，任选一种即可，复杂度差别不大。

11.2.3　代码实现

现在按照上述功能点分析思路来实现所需功能。首先是页面的布局，这一点在前面的项目实战中已经有所涉及，所以不再重复讲解。唯一需要注意的是，这里将结果框从 DIV 修改成了 Input 文本框，此处的 HTML 代码如下。

V11-5　计算器
问题-2

```html
<div class="result-box">
    <input type="text" id="result" />
</div>
```

当然，其对应的 CSS 属性也做了小幅调整，对于细节此处不再赘述，需要的读者可查看最后的整体代码部分。接下来按照功能点逐个介绍实现代码。

（1）数字按钮的输入，通过在各按钮处响应单击事件传递不同的参数，实现代码如下。

```javascript
function clickButton(number) {
    // 解决长度的问题，根据当前的样式设置决定允许输入的字符个数
    var result = document.getElementById('result').value;
    if (result.length <= 18) {
        document.getElementById('result').value += number;
    }
    else{
        alert("本计算器只允许输入18位长度.");
    }
}
```

（2）清除和删除功能，代码如下。

```javascript
// 删除所有内容
function clearResult() {
    document.getElementById('result').value = "";
}

// 删除最后一位
function backSpace() {
    var result = document.getElementById('result').value;
    var newResult = result.substring(0, result.length-1);
    document.getElementById('result').value = newResult;
}
```

（3）结果计算及错误提示，代码如下。

```javascript
// 计算最终结果
function calcResult() {
    var result = document.getElementById('result');
    try {
        // 如果没有任何表达式
        if (result.value.length >= 3) {
            result.value = eval(result.value);
        }
    }
    catch(e) {
        result.value = "你输入的表达式有误！";
    }
}
```

（4）正负号切换，代码如下。

```javascript
function switchSymbol() {
    // 第一种方式：通过字符串操作切换正负号
    var result = document.getElementById('result');
    var code = result.value.charCodeAt(0);
    if (code == 45) {   // 判断第一个字符是否是"-"号
        // 从第2个位置开始往后取所有字符串
        result.value = result.value.substring(1);
    }
    else {
        result.value = "-" + result.value;
    }

    // 第二种方式：用0减
    // var result = document.getElementById('result').value;
    // document.getElementById('result').value = 0-result;
}
```

（5）重复运算符验证，定义一个全局变量，通过修改该全局变量的值来决定是否可以输入运算符号，代码如下。

```javascript
var isInputSymbol = false;   // 全局变量，false表示可以输入

// 解决符号输入重复的问题
function clickSymbol(symbol) {
    if (document.getElementById('result').value.length > 0) {
```

```
        if (isInputSymbol == false) {
            document.getElementById('result').value += symbol;
            isInputSymbol = true;
        }
    }
}
```

此处需要注意,成功输入一个数字以后(即在函数 clickButton()中),必须将该变量的值修改为 false,从而告诉脚本此时可以输入符号。clickButton 的代码修改如下。

```
function clickButton(number) {
    // 解决长度的问题,根据当前的样式设置决定允许输入的字符个数
    var result = document.getElementById('result').value;
    if (result.length < 18) {
        document.getElementById('result').value += number;
        isInputSymbol = false;
    }
    else{
        alert("本计算器只允许输入18位长度.");
    }
}
```

(6)最后实现计算器按键的调用,部分代码调用如下。

```
<body>
    <div class="button">
        <div onclick="clearResult()">AC</div>
        <div onclick="switchSymbol()">+/-</div>
        <div onclick="clickButton('7')">7</div>
        <div onclick="clickSymbol('*')">*</div>
        <div onclick="backSpace()"><-</div>
        <div onclick="calcResult()">=</div>
    </div>
</div>
</body>
```

11.2.4 思维拓展

别看一个小小的计算器,其中暗藏不少 bug,非常考验开发人员对细节的控制。比如上述代码,初一看没有什么问题。进行仔细的测试会发现,还是有一些问题需要进行更精确地控制。

首先,由于代码限制了用户只能输入 18 位,所以并没有考虑到实际的情况,而且这 18 位是表达式的长度,而不是一个数字的长度,相比于真实计算器是有所差别的。这样的问题其实并不难解决,设置一个隐藏的元素,如一个 DIV 或一个文本框,将其隐藏起来,把用户输入的所有内容重新串成一个表达式,当单击"="号时,直接从该隐藏的文本框中提取表达式运算其结果即可。

其次,虽然很好地处理了运算符的连续输入的问题,但是并没有处理小数点的连续输入问题。而且还有一个更需要注意的问题,即使利用类似运算符重复的处理方式处理连续输入的小数点,让其不能够进行连续输入,但是类似于 56.34.56.89 的数字其实也是一个不合格的数值,但是小数点并不连续,所以这也是需要规避的问题。那么像这种问题,又该如何处理呢?

其实可以通过设定标志变量来决定用户是否还可以继续输入小数点。比如可以设定一个标志变量,假设称为 isInputPoint,默认值为 false,表示还没有输入小数点,可以允许输入小数点。这个跟符号的判断一样,但是重点的区别在于什么时候可以允许再输入小数点,不是输入了一个数字以后可以允许再

输入，而是只有当输入了一个运算符以后，才允许输入一个小数点，进而实现对小数点的限制，核心代码如下。

```
// 小数点重复的问题
function clickPoint() {
    if (isInputPoint == false) {
        document.getElementById('result').value += ".";
        isInputSymbol = true;    // 不允许输入运算符
        isInputPoint = true;     //允许输入小数点
    }
}
```

当然，上述代码只是表达其核心思想，要将该代码运行起来，还需要定义全局变量，还需要修改 clickSymbol() 函数等。那么这样的计算器功能就实现得很完整了吗？答案是否定的，比如现在可以试着输入一个运算表达式 "025-6"，看看答案是多少？答案是 15，而不是 19，很显然这个表达式是有问题的。所以 0 不能作为一个整数的开头，只能作为一个小数的开头，这样的功能点该如何用代码来实现，就留给读者进行处理，此处不再详细讲解。

最后，对本项目进行一个简单的总结。一方面，通过该项目的演练可以让读者充分理解开发思路和重要性，只有把思路想得很明白了，再用代码来实现才会更加有自信。另外一方面，代码必须要考虑各种可能的测试场景，设计有针对性的测试用例，而不是用最普通的测试简单试一下，发现没有问题就觉得代码已经可以正常工作了。作为一个高级程序员，或者作为一个软件开发或软件测试工程师，质量意识才是关键，这跟编程能力无关。

11.3　在线时钟

11.3.1　项目介绍

本项目主要利用 JavaScript 结合 CSS 定位和 Transform 属性实现一个 HTML 在线时钟，运行效果如图 11-3 所示。

V11-6　在线
时钟-1

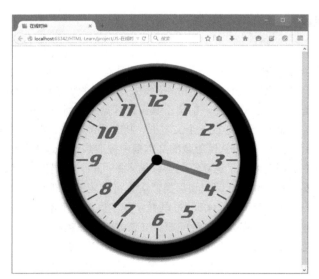

图 11-3　HTML 在线时钟

本项目实现的功能如下所述。

（1）根据当前的系统时间，精确到秒显示时间。

（2）模拟正常的钟表走时效果，每一秒秒针走一小格。

（3）分针每一分钟走一小格。

（4）时针不能直接从 6 点变到 7 点，不是每小时走一大格，而是模拟每分钟都转动一点点角度的真实效果。

11.3.2　开发思路

本项目的实现应主要抓住如下几个关键点，这样事情将会变得非常简单。如果没有把握住关键技术点，则很难形成一套清晰的思路。

（1）表盘是一张固定的背景图片，可以直接在网上下载自己喜欢的图片。

（2）三个指针是三个 DIV，通过设置类似指针的背景图或者利用 DIV 的背景色模拟即可。

（3）通过设置 CSS 中 Transform 变形属性值 rotatep 完成相应角度的旋转，即可模拟走时效果。

（4）可以通过设置指针的旋转基点为左边或下边来完成指针旋转，也可以设置为拉通的一条 DIV，而只为其一半设置背景色或背景图来模拟指针旋转，这种情况下不需要修改指针的旋转基点（即默认绕 DIV 的正中心点旋转）。

首先看布局，其实核心元素就 4 个，一个表盘，三个指针，并且建议对三个指针使用绝对定位（position：absolute）。绝对定位的一个前提是其父容器不能是默认值 static，所以只需要简单地将时钟表盘这个父容器设置为 position: relative 即可，并不需要设置任何偏移量。

另外，关于指针的旋转角度的问题，一个表盘有 60 个刻度，每一个小时之间有 5 个小格子，一个圆圈是 360 度（deg），所以每一小格要旋转的角度是 6 deg，每一个小时之间 30 deg；通过每秒钟的定时器来获取当前秒钟数，进而让该数据乘以 6，即可得到当前需要旋转的角度。再获取当前的分钟数，进而完成让分针每一分钟转到 6 deg 的效果，同时让时针每一分钟转到 0.5 deg。但是此处需要注意的是，角度是假设从 12 点钟为 0 deg 来进行计算的，所以在布局时，三个指针都应该在 12 点钟方向的竖向布局。

11.3.3　代码实现

（1）先完成表盘和指针的布局，代码如下。

V11-7　在线
时钟-2

```
<!DOCTYPE html>
<html>
<head lang="en">
    <meta charset="UTF-8">
    <title>在线时钟</title>
    <style>
        #face {
            width: 600px;
            height: 600px;
            margin: 20px auto;
            background: url("../image/clockface.jpg") no-repeat;
            position: relative;
        }
        #second {
            width: 4px;
            height: 200px;
            background-color: #FC5753;
```

```
            position: absolute;
            left: 298px;
            top: 100px;
            /* 设置指针的旋转基点为下方中间位置*/
            transform-origin: bottom center;
        }
        #minute {
            width: 10px;
            height: 175px;
            background-color: #0e2218;
            position: absolute;
            left: 295px;
            top: 125px;
            transform-origin: bottom center;
        }
        #hour {
            width: 15px;
            height: 150px;
            background-color: #5948ff;
            position: absolute;
            left: 292px;
            top: 150px;
            transform-origin: bottom center;
        }
        #center {
            width: 30px;
            height: 30px;
            background-color: black;
            position: absolute;
            left: 285px;
            top: 285px;
            border-radius: 50%;
        }
    </style>
</head>
<body>
<div id="face">
    <div id="hour"></div>    <!-- 时针 -->
    <div id="minute"></div>  <!-- 分针 -->
    <div id="second"></div>  <!-- 秒针 -->
    <div id="center"></div>  <!-- 中心的小圆点 -->
</div>
</body>
</html>
```

（2）实现定时器代码，完成指针的旋转走时，具体如下。

```
<script>
    setInterval(function() {
        var time = new Date();
        var second = time.getSeconds();
        var minute = time.getMinutes();
        var hour = time.getHours();
```

```
    var hourDeg = hour%12*30 + minute*0.5;

    document.getElementById("second").style.transform =
                          "rotate(" + second*6 + "deg)";
    document.getElementById("minute").style.transform =
                          "rotate(" + minute*6 + "deg)";
    document.getElementById("hour").style.transform =
                          "rotate(" + hourDeg + "deg)";
}, 1000);
</script>
```

上述代码的实现部分相对比较简单，此处不再赘述。读者通过对该项目的演练，能够对表面上看似没有思路的问题多一些思考，对复杂问题多一些分解，并通过不断的代码积累，找到更加简洁高效的实现手段。

11.4　倒计时程序

11.4.1　项目介绍

V11-8　倒计时

倒计时程序是日常生活中比较常见的一种应用。通常可以精确到 ms，也可以是 s、min 或者小时、天等。本项目中所要完成的倒计时程序的应用场景主要用于 PPT 演讲、各类比赛等只需要精确到秒或分钟的情况。

本项目中的倒计时程序主要实现如下功能。

（1）可以自己设置时间，单位为分钟。可以通过两边的加减按钮来微调时间，也可以手工在文本框中输入。

（2）倒计时按照"时：分：秒"的方式显示。

（3）可以随时暂停计时。

（4）当倒计时完成后，自动播放一首音乐用作提醒。

该倒计时程序最终的实现效果如图 11-4 所示。

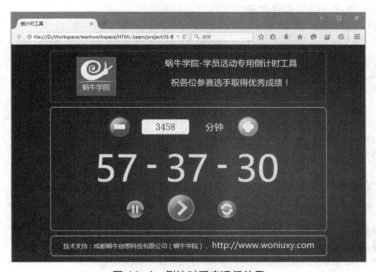

图 11-4　倒计时程序运行效果

11.4.2　开发思路

　　首先，看页面布局，整个页面分成三个部分，头部主要是一个 LOGO 和文字信息，底部主要是版权声明信息，都是我们熟悉的方式。重点是中部的主体功能实现部分，使用图标的方式来模拟 5 个按钮的单击操作，同时使用一个文本框来完成倒计时总数的输入和修改。倒计时的显示只需要使用标准 DIV 结合 innerHTML 属性的使用即可完成修改。

　　接下来分析关于时间总数的输入、减少和增加的功能应该如何来实现。首先，确认一下规则，时间总数应该至少 1 分钟，不能低于 1 分钟，不应该允许出现小数；其次，按增加按钮时，必然可以一直将时间增加上去，那么是否有一个最大时间呢？这里最多能显示的就是 99 小时 59 分钟，所以计算下来，该文本框能够允许输入的最大值应该为 99×60+59=5999 分钟。

　　其次，该文本框是可读写的，用户可以直接输入内容，所以必须要限制只能输入数字，这方面的技术可利用正则表达式，此处不再赘述。

　　再次，关于倒计时的"暂停"功能，如果按照常规思路，无非就是简单调用 clearInterval()函数。但是这里有个问题需要特别注意，单击暂停后再单击开始，如果简单地使用这种方式，就会出现倒计时的总数量又会从头开始，而不是从倒计时的剩余时间开始。那么如何处理这种情况呢？可以设置一个标志变量，记录当前页面的"暂停"按钮是否被单击过，如果单击过，则"开始"按钮不直接从文本框中读取总时间，而是直接读取剩余时间作为再次开始的总数；否则直接读取文本框的数值作为总时间。

　　最后是最重要也最核心的功能，单击"开始"按钮实现倒计时，这里面的逻辑相对要复杂一点，不但牵涉剩余小时数、分钟数、秒钟数的计算，数值每一秒通过判断决定是否减 1，同时还包括分钟和秒钟在 00 和 59 之间的切换等。听起来是一个复杂的事情，但是有一个简单的解决方案，就是将总时间数换算成秒，然后每一秒将该数值减 1。至于小时、分钟和秒钟数的切换，只需要通过当前的总秒数来对小时（3600秒）、分钟（60 秒）等求余即可得出，这样就将相对复杂的逻辑判断变成了一个简单的数学运算。

11.4.3　代码实现

1．页面布局实现

　　页面中元素比较多，本练习可以帮助读者对 DIV+CSS 的布局进行巩固和强化。如下为本练习的布局代码，并不代表唯一答案，仅供读者参考。

```
<!DOCTYPE html>
<html>
<head lang="en">
    <meta charset="UTF-8">
    <title>倒计时工具</title>
    <style>
        body {
            background-image: url('timer/background.jpg');
            margin-top: 20px;
            color: #f0f0f0;
            font-family: 微软雅黑;
        }
        .top {
            border: solid 1px #ff3300;
            border-radius: 10px;
            width: 900px;
            height: 150px;
```

```css
    margin: 0 auto;
    padding-top: 20px;
}
.top .logo {
    float: left;
    width: 300px;
    text-align: center;
}
.top .text {
    float: left;
    width: 580px;
    text-align: center;
    font-size: 28px;
}
.main {
    border: solid 1px #f0f0f0;
    border-radius: 10px;
    width: 900px;
    height: 390px;
    margin: 0 auto;
    padding-top: 20px;
}
#total {
    width: 150px;
    height: 45px;
    border: solid 1px #f0f0f0;
    border-radius: 8px;
    font-size: 32px;
    text-align: center;
}
.timer-box {
    border: solid 0px #f30;
    width: 620px;
    margin: 0 auto;
    height: 170px;
    text-align: center;
    margin-top: 20px;
}
.main .count-box {
    width: 550px;
    margin: 0 auto;
    height: 70px;
    text-align: center;
    padding-top: 10px;
}
.main .count {
    float: left;
    width: 200px;
    line-height: 60px;
    padding-top: 10px;
}
```

```
        .main .unit {
            float: left;
            width: 120px;
            font-size: 30px;
            line-height: 70px;
        }
        .timer-box .dash {
            width: 80px;
            font-size: 100px;
            float: left;
            text-align: center;
            font-weight: bold;
        }
        .timer-box .timer {
            width: 150px;
            font-size: 120px;
            float: left;
            text-align: center;
        }
        .button-box {
            border: solid 0px #f30;
            width: 550px;
            margin: 0 auto;
            height: 150px;
            text-align: center;
        }
        .icon {
            float: left;
            width: 100px;
        }
        .icon img:hover {
            opacity: 0.7;
            cursor: pointer;
        }
        .bottom {
            border: solid 1px #f0f0f0;
            border-radius: 10px;
            width: 900px;
            height: 55px;
            margin: 0 auto;
            padding-top: 10px;
            text-align: center;
            font-size: 20px;
        }
    </style>
</head>

<body>
<div class="top">
    <div class="logo">
        <img src="timer/logo.jpg" style="width: 130px;">
```

```
        </div>
        <div class="text">
            蜗牛学院-学员活动专用倒计时工具<p/><p/>祝各位参赛选手取得优秀成绩！
        </div>
    </div>
<p/>
<div class="main">
    <div class="count-box">
        <div class="icon">
            <img src="timer/minus.png" width="70" onclick="minus();"/>
        </div>
        <div class="count">
          <input type="text" id="total" value="10" onkeyup="check()"/>
        </div>
        <div class="unit">
            分钟
        </div>
        <div class="icon" style="float: left; width: 100px;">
            <img src="timer/plus.png" width="70" onclick="plus();"/>
        </div>
    </div>

    <div class="timer-box">
        <div class="timer" id="hour">00</div>
        <div class="dash">-</div>
        <div class="timer" id="minute">00</div>
        <div class="dash">-</div>
        <div class="timer" id="second">00</div>
    </div>

    <div class="button-box">
        <div class="icon" style="float: left; width: 200px; padding-top: 20px;">
            <img src="timer/pause.png" width="60" onclick="pause();" />
        </div>
        <div class="icon" style="float: left; width: 100px;">
            <img src="timer/start.png" width="90" onclick="start();"/>
        </div>
        <div class="icon" style="float: left; width: 200px; padding-top: 20px;">
            <img src="timer/refresh.png" width="60" onclick="refresh();"/>
        </div>
    </div>
</div>
<p/>
<div class="bottom">
    技术支持：成都蜗牛创想科技有限公司（蜗牛学院），
    <span style="font-size: 28px;">http://www.woniuxy.com</span>
</div>
<audio id="done" preload="auto">
    <source src="timer/done.mp3" type="audio/mp3"/>
</audio>
</body>
```

```
</html>
```

2．实现按钮功能

接下来实现针对分钟数的减少和增加两个按钮的代码功能，代码如下。

```
// 增加1分钟，直到最大值5999
function plus() {
    var total = parseInt(document.getElementById("total").value);
    if (total > 5998)
        document.getElementById("total").value = 5999;
    else
        document.getElementById("total").value = total + 1;
}

// 减少1分钟，直到最小值1
function minus() {
    var total = parseInt(document.getElementById("total").value);
    if (total < 2)
        document.getElementById("total").value = 1;
    else
        document.getElementById("total").value = total - 1;
}
```

3．限制输入数字

同样的，由于文本框内用户可以任意输入值的，所以必须响应文本框的 onkeyup 事件，通过正则表达式来限制用户只能输入数字，代码如下。

```
// 检查用户的输入类型，只允许输入1~4位数字
function check() {
    var total = document.getElementById("total");
    var input = total.value;
    var pattern = new RegExp("^\\d{1,4}$");
    if (!pattern.test(input)) {
        total.value = input.substring(0, input.length-1);
    }
}
```

4．实现倒计时

在实现倒计时代码之前，首先定义一批全局变量，因为有多个函数可能都会用到这批全局变量，用于控制倒计时的开始和暂停等，代码如下。

```
<script>
    // 定义一批全局变量
    var interval = null;        //计时器对象，用于暂停
    var totalSecond = 0;        //总的倒计时秒数
    var isPaused = false;       //是否单击了暂停
    var isStarted = false;      //是否已经开始倒计时
</script>
```

然后基于上述全局变量开发思路实现开始计时的核心代码，参考代码如下。

```
function start() {
    isStarted = true;     //计时已经开始
    var totalMinute = parseInt(document.getElementById("total").value);
    // 如果isPaused的值为false，说明没有暂停过，是全新的倒计时开始
    if (isPaused == false)
        totalSecond = totalMinute * 60;
```

```
    // 开始调用定时器对象完成倒计时（按秒为单位）
    interval = setInterval("timerDown()", 1000);
}

// 倒计时核心程序
function timerDown() {
    // 如果倒计时已经完成，则暂停且播放音乐
    if (totalSecond <= 0) {
        clearInterval(interval);
        document.getElementById('done').play();
    }

    // 如果时分秒等数字只有一位，前面补0
    var hour = Math.floor(totalSecond/3600);
    if (hour < 10)
        hour = "0" + hour;

    var minute = Math.floor((totalSecond-hour*3600)/60);
    if (minute < 10)
        minute = "0" + minute;

    var second = totalSecond % 60;
    if (second < 10)
        second = "0" + second;

    document.getElementById("hour").innerHTML = hour.toString();
    document.getElementById("minute").innerHTML = minute.toString();
    document.getElementById("second").innerHTML = second.toString();
    totalSecond--;  // 让总秒数减1
}
```

5. 暂停与刷新实现

最后，还有两个简单的功能，暂停和刷新，代码如下。

```
// 暂停计时
function pause() {
    if (isStarted)
        isPaused = true;
    clearInterval(interval);
}

// 刷新页面，重新载入
function refresh() {
    window.location.reload();
}
```

上述代码已经很好地完成了预定的功能，由于代码量较大，本节不再单独贴出所有代码。对于整个过程的工作原理和解决方案的理解才是最核心、最重要的部分，要能够举一反三，要能够解决实际问题，这些基本功的训练远胜于将代码跑通。

11.4.4 思维拓展

既然可以完成一个倒计时程序，当然也可以完成一个闹钟，或者一个秒表，跟定时器有关的东西都

可以利用相似的原理来完成。通过本项目的实战可以发现，要使用相对简单的解决方案来处理问题，而不是将一个本身听起来逻辑有点复杂的算法在用代码实现的时候处理得更加复杂。

另外，但凡可以让用户进行手工输入的地方，一定要做好充分的容错处理，不给用户犯错误的机会。只有这样，才可以保证程序稳定可靠地运行。无论是大系统还是小应用，这些意识和关注点其实都是一样的。而且为了提高用户体验，不应该等待用户输入错误了才提示一个错误信息，而是直接不给用户犯错误的机会。当然，读者可能会问，那既然这样，在本项目中直接将输入总分钟数的文本框设置为"只读"不就可以了吗？这样原则上来说是可行的，但是会存在一个严重的问题，用户体验会变得极差。比如需要设置 900 分钟的倒计时，那么这个时候如果默认值为 10 分钟，用户就必须要单击"增加"按钮890 次才行，这显然不合乎用户的使用习惯。

所以，真正去研发一个产品的时候，一定要站在用户的角度来考虑问题，因为一切的技术都是为用户服务的。

11.5　图片轮播

11.5.1　项目介绍

图片轮播效果在网页中的使用频率越来越高，特别适用于在网站首页展示重要事项或广告，因而得到了各网站的普遍采纳。目前网络上也有越来越多基于 JavaScript 框架的轮播组件可供选择，这样只需要设定好轮播图片的地址和核心参数，即可完成一个轮播的效果。本项目使用原生 JavaScript，不借助于任何组件和框架来完成的一个图片轮播效果，如图 11-5 所示。

图 11-5　图片轮播效果

11.5.2　开发思路

对各轮播效果进行观察会发现，其实质就是几张相同尺寸的图片在一定的时间内不停地进行平滑的切换显示而已。所以要实现这样的效果，首先必须要解决的问题就是图片的切换，进而再解决平滑切换，最后再实现手工切换效果。本项目的开发思路分解如下。

首先解决固定时间内图片切换的问题。单纯就这一问题来说，思路非常简单，就是设置一个定时器，然后在固定时间周期内改变图片的地址，从而实现类似轮播的效果。但是这种方案的缺点在于图片是瞬间变化的，看不到平滑移动的过程。所以无法从根本上解决视觉效果和用户体验。

其次，设定一组无序列表，将 N 张轮播的图片附加于列表项里面，并保持该列表水平展示，然后在该列表的外面套上一个 DIV 容器，并设置该窗口的宽度和高度刚好是一张图片的高度与宽度，进而设置该 DIV 的 overflow: hidden，将无法展示的其他图片隐藏起来。然后再使用绝对定位的方式在固定的时间内将列表向左或向右移动一张图片的大小，实现切换。但是光有这样的切换设置，图片也是瞬间就切换，还需要控制图片切换时的移动速度，给定一个移动的时间，而不是瞬间移动，进而实现类似平滑移动的效果。

实现平滑移动的效果有两种可供选择的方案，一种是使用定时器，实现极短的时间移动极短的距离，多移动一些次数，进而实现平滑，比如图的宽度是 800px，可以实现每 5ms 移动 5 个 px，移动 160 次即可；另一种是可以使用 CSS 的 Transition 来实现平滑移动，只需要设定 Transition 的关键属性和移动距离即可。

最后，手工切换图片是图片轮播效果的标配，当鼠标指针移动到轮播图上时，会在图片上出现一个向左和向右的切换按钮，在图 11-5 中也可以看到该按钮。此时直接在上面单击，可以忽略定时器而直接对轮播图片进行切换。事实上，要实现这个效果，只需要对已经实现的移动效果进行调用即可。所以在设计时应该将每一个动作放在单独的函数中，这样更便于代码的重用。另外，也可以通过响应该 DIV 容器的 onmouseover 和 onmouseout 事件来对两个切换按钮进行显示和隐藏。这里需要注意，不能直接使用伪类:hover 来实现鼠标悬停的效果，因为这种悬停效果只能针对其自身的 CSS 属性进行改变，无法影响其他元素。

11.5.3　代码实现

针对实现平滑移动的第一种解决方案，直接利用定时器对图片的地址进行修改进而实现切换，虽然不够平滑，视觉效果较差，但是也不失为一种简单的解决方案。针对该方案的代码如下，这里不作过多解释。

```html
<!DOCTYPE html>
<html>
<head lang="en">
    <meta charset="UTF-8">
    <title></title>
    <script>
        setInterval(function(){
            var myimg = document.getElementById("loopimg");
            if (myimg.src.match("videoonline.png")) {
                myimg.src = "../image/woniufamily.png";
            }
            else if (myimg.src.match("woniufamily.png")) {
                myimg.src = "../image/snow-night.jpg";
            }
            else {
                myimg.src = "../image/videoonline.png";
            }
        }, 3000);
    </script>
</head>
<body>
```

```
    <div style="width: 800px; height: 50px; font-size: 30px; margin: auto;">图片轮播展示
效果</div>
    <div style="width: 800px; height: 450px; margin: auto">
        <img src="../image/videoonline.png" id="loopimg" width="800" height="450"/>
    </div>
</body>
</html>
```

上述代码中需要注意的是，通过分支结构的方式来对图片切换，比较适用于图片比较少的时候，如果图片较多，建议使用循环的方式将所有要进行切换的图片命名为同一个系列，通过不同的序号来进行区分。这样在循环中可以直接通过生成一个序号的方式来完成图片地址的修改。这才是比较灵活的代码，其简洁度和适用性会更高。

关于第二种解决方案，利用列表项并进行位置移动的方式完成轮播效果，首先将页面的基本元素进行布局，此处仍然只设计 3 张图片，如果图片有更多张，其思路没有任何变化，所以不影响实际效果。布局代码如下。

```
<!DOCTYPE html>
<html lang="en">
<head>
    <meta charset="utf-8">
    <title>JS幻灯代码</title>
    <style>
        #outer {
            width: 800px;
            height: 450px;
            border: solid 2px red;
            margin: 0 auto;
        }
        #main {
            width: 800px;
            height: 450px;
            overflow: hidden;
            position: absolute;
        }
        img {
            width: 800px;
            height: 450px;
        }
        ul {
            margin: 0;
            padding: 0;
            list-style: none;
            position: absolute;
            top: 0px;
            left: 0px;
            width: 2400px;
            height: 450px;
        }
        ul li {
            list-style: none;
            float: left;
```

```
        }
        #prev {
            width: 40px;
            height: 60px;
            background-color: rgba(160,220,240,0.8);
            font-size: 40px;
            font-weight: bold;
            position: absolute;
            left: 10px;
            top: 45%;
            z-index: 100;
            text-align: center;
            line-height: 60px;
            display: none;
        }
        #prev:hover {
            display: block;
        }
        #next {
            width: 40px;
            height: 60px;
            background-color: rgba(160,220,240,0.8);
            font-size: 40px;
            font-weight: bold;
            position: absolute;
            right: 10px;
            top: 45%;
            z-index: 100;
            text-align: center;
            line-height: 60px;
            display: none;
        }
        #next:hover {
            display: block;
        }
    </style>
</head>
<body onload="setInterval(startMove, 5000);">
<div style="width: 800px; height: 50px; font-size: 30px; margin: auto;">
    图片轮播展示效果
</div>
<div id="outer">
    <div id="main">
        <div id="prev" onclick="moveToPrev()"><</div>
        <div id="next" onclick="moveToNext()">></div>
        <ul id="box" onmouseover="showButton()"
                    onmouseout="hideButton()">
            <li><img src="../image/videoonline.png" /></li>
            <li><img src="../image/woniufamily.png" /></li>
            <li><img src="../image/snow-night.jpg" /></li>
        </ul>
```

```
    </div>
  </div>
</body>
</html>
```

　　针对上述布局代码，有一个小细节，就是已经使用了在图片容器的响应 onmouseover 和 onmouseout 事件控制切换按钮的显示和隐藏，为什么还要设置两个按钮的:hover 属性继续将其设置为显示状态呢？因为一旦把鼠标指针放到按钮上，其实同时也响应了图片容器的 onmouseout 事件，所以如果不额外进行设置，将无法让鼠标在按钮上进行单击，因为鼠标一放到按钮上，按钮就会被隐藏。

　　布局完成后，可以看到正常在页面中显示了第一张图片，另外两张图片被隐藏，接着实现图片的切换和平滑移动的效果。此处先使用定时器的方式来实现，整合后的代码如下，详细解释请参考代码的注释部分。

```javascript
<script>
  var moveToNextCount = 0;  // 实现平滑移动到下一张图片的次数
  var moveToPrevCount = 0;  // 实现平滑移动到上一张图片的次数
  var moveToStartCount = 0; // 从最后一张回到第一张的平滑移动次数

  function startMove() {
    // 每次开始移动时，都对3个变量重新初始化
    moveToNextCount = 0;
    moveToPrevCount = 0;
    moveToStartCount = 0;

    var box = document.getElementById("box");
    // 1600相当于列表项已经移动了2张图片，正在第3张图片上
    // 所以此处想要说明的是图片已经移动到了最后一张上
    if (box.offsetLeft <= -1600) {
      moveToStart();  // 返回到第一张图片上
    }
    else {
      moveToNext();   // 移动到下一张图片上
    }
  }

  // 移动到下一张图上
  function moveToNext() {
    moveToNextCount++;
    var box = document.getElementById("box");
    // 由于每次只移动5像素，所以需要移动160次
    if (moveToNextCount < 161) {
      box.style.left = box.offsetLeft - 5 + "px";
      // 循环调用本函数，实现每5毫秒移动一次
      setTimeout(moveToNext, 5);
    }
  }

  // 移动到上一张图上
  function moveToPrev() {
    moveToPrevCount++;
    var box = document.getElementById("box");
```

```
    if (moveToPrevCount < 161) {
        box.style.left = box.offsetLeft + 5 + "px";
        setTimeout(moveToPrev, 5);
    }
}

// 移动到第一张图片上
function moveToStart() {
    moveToStartCount++;
    var box = document.getElementById("box");
    if (moveToStartCount < 81) {
        box.style.left = box.offsetLeft + 20 + "px";
        setTimeout(moveToStart, 5);
    }
}

// 显示切换按钮
function showButton() {
    document.getElementById("prev").style.display = "block";
    document.getElementById("next").style.display = "block";
}

// 隐藏切换按钮
function hideButton() {
    document.getElementById("prev").style.display = "none";
    document.getElementById("next").style.display = "none";
}
</script>
```

将上述代码进行整合后，即初步完成了轮播的效果。上述代码中设置了 3 个全局变量，目的只是为了在平移的过程中记录移动的次数，否则 setTimeout()会不停地死循环调用自身函数，进而无法让移动过程停下来。整个移动过程只是通过修改元素的 left 属性实现左右的定位和移动。

另外，上述代码效果虽然实现了，但是有一个严重的问题，就是所有的坐标、长度、循环次数都是固定的（hard-code）。这样会出现的问题就是如果图片不是 800 像素的宽度，那么代码中的绝大部分数字都得重新修改，而且还得先计算出这些数值才能修改代码，一点都不智能，适应性极差。所以需要对上述的代码部分进行优化，增强其自适应能力。

同时，本次优化顺便利用 CSS3 的过渡效果 Transition 来实现图片的平滑移动，让代码变得更加简洁。虽然 Transition 的本质也是极短的时间内进行短距离的移动，但实现了移动过程的加速减速，而这种效果在短时间内肉眼的感觉并不明显，当然也不是这个项目需要探讨的话题。优化后的代码如下。

```
<script>
    var imgCount = 4;   // 图片的数量
    var imgWidth = 800; // 图片的宽度

    function startMove() {
        var box = document.getElementById("box");
        if (box.offsetLeft <= -1*imgWidth* (imgCount-1)) {
            moveToStart();
        }
        else {
```

```
            moveToNext();
        }
    }

    // 移动到下一张图上
    function moveToNext() {
        box.style.transition = "all 2s ease-in-out";
        box.style.left = box.offsetLeft - imgWidth + "px";
    }

    // 移动到上一张图上
    function moveToPrev() {
        box.style.transition = "all 2s ease-in-out";
        box.style.left = box.offsetLeft + imgWidth + "px";
    }

    // 移动到第一张图片上
    function moveToStart() {
        box.style.transition = "all 2s ease-in-out";
        box.style.left = box.offsetLeft + (imgCount-1)*imgWidth + "px";
    }

    // 显示切换按钮
    function showButton() {
        document.getElementById("prev").style.display = "block";
        document.getElementById("next").style.display = "block";
    }

    // 隐藏切换按钮
    function hideButton() {
        document.getElementById("prev").style.display = "none";
        document.getElementById("next").style.display = "none";
    }
</script>
```

上述代码使用 Transition 属性直接设定在 2 秒内完成图片的平移，移动的距离为图片的宽度。其效果跟前一种方案是完全一致的，跟基于原理推测的结果一模一样。另外，通过两个全局变量的定义和引用，让代码变得更加灵活。如果需要增加一些图片，或者调整图片的宽度，只需要修改这两个全局变量的值即可，代码的其他部分不需要做任何修改。

11.5.4 思维拓展

如果仔细对上述代码进行测试，会发现仍然存在问题，比如进行手工切换时刚好遇到定时器也准备切换，而手工切换和定时器切换的方向刚好又是相反的，这个时候就会出现图片往哪边都移不动的情况。针对这种情况，当鼠标悬停在图片上时，通过响应 onmouseover 的事件直接调用 clearInterval 停止定时器，转为手工移动；当鼠标移出图片区域时，又将该定时器启动。

通常情况下，前端开发工程师并不会直接使用原生的 JavaScript 来完成图片轮播的效果，而是会利用 JQuery 框架再加上图片轮播组件来完成。事实上，这样的处理虽然实现了效果，完成了任务，但是对于学习前端开发来说没有任何帮助，甚至是有很大害处的。这就会导致前端开发工程师只知其然，不知其所以然，对原理层面没有任何理解，只是一个代码搬运工而已，这是笔者提醒读者的很重要的一点。所以在本书中，所有代码全部使用原生 JavaScript 来处理，不借助于任何第三方框架，其目的在于让读者从根本上理解代码，理解其工作原理。

当然，除了 JQuery 或 BootStrap 以外，Angular、Reat JS、Node.js、Zepto、ArtTemplate、EasyUI 等 Web 前端框架都非常受前端开发工程师的青睐。框架之所以这么流行，其主要原因是：一方面没有太多工程师原理去深入研究一些很细致的东西，因为这并不能保证他在短期内就能成为一个高手；更重要的一方面，框架对于提高项目的开发效率是非常有帮助的，而且当前端不仅仅只是为了前端展现，还需要与后端进行数据交互时，框架就会变得更加重要。但是无论怎样，笔者都希望读者能够自己尝试着去实现这些框架当中常见的功能，或者是将这些框架的代码去学习一遍，把框架背后的设计原理和实现思路都梳理一遍，这也是一种提高的方式。

事实上，网页上的各种特效基本上都是利用 JavaScript 结合 CSS3 动画来实现的，只是如何去结合，什么样的特效更加吸引用户的注意，这些需要在实际项目中慢慢地摸索。各位读者可以与作者取得联系，或关注作者的学习网站：http://www.bossqiang.com 以获得更多的学习资料和经验分享。最后，祝大家成为一名优秀的 Web 前端开发工程师甚至于全栈工程师，为中国的 IT 行业贡献一份自己的力量，加油！